OSTWALDS KLASSIKER
DER EXAKTEN WISSENSCHAFTEN
Band 110

**Jacobus H. van't Hoff**
**30.8.1852 - 1.3.1911**

OSTWALDS KLASSIKER
DER EXAKTEN WISSENSCHAFTEN
Band 110

# Die Gesetze des chemischen Gleichgewichtes

## für den verdünnten, gasförmigen oder gelösten Zustand

(Der Kgl. Schwed. Akad. d. Wissensch. vorgelegt am 14. Okt. 1885.)

Kongl. Svenska Vetenskaps-Akademiens Handlingar. Bandet 21.
No. 17. Stockholm 1886.

von

Jacobus H. van't Hoff

Übersetzt und herausgegeben
von
G. Bredig

Verlag Harri Deutsch, Thun und Frankfurt am Main

Die Deutsche Bibliothek - CIP-Einheitsaufnahme

**Hoff, Jacobus H.** van't:
Die Gesetze des chemischen Gleichgewichtes für den verdünnten, gasförmigen oder gelösten Zustand / von Jacobus H. van't Hoff. Übers. und hrsg. von G. Bredig. - 3. Aufl. - Thun ; Frankfurt am Main : Deutsch, 1997
(Ostwalds Klassiker der exakten Wissenschaften ; Bd. 110)
ISBN 3-8171-3110-0

**ISBN 3-8171-3110-0**


1. Auflage Akademische Verlagsgesellschaft Geest & Portig, Leipzig
3. Auflage 1997
Druck: Rosch - Buch Druckerei GmbH, Hallstadt
Printed in Germany

# Inhaltsverzeichniss.

# Die Gesetze des chemischen Gleichgewichtes.[1]

Von

**J. H. van 't Hoff.***)

(Kongl. Svenska Vetenskaps-Akademiens Handlingar. Bandet 21. Nr. 17. Stockholm 1886.)

---

## [3] Einleitung.

Das chemische Gleichgewicht, dessen Gesetze wir kennen lernen wollen, ist das Gleichgewicht, welches sich bei gleichzeitiger Gegenwart der beiden in chemischer Hinsicht verschiedenen Zustände eines gegebenen Stoffes einstellen kann. Die Zersetzung des Kalksteins beim Erhitzen bietet hierfür ein classisches Beispiel: sie bleibt in der That stehen, auch ohne vollständig zu sein, sobald der Druck der Kohlensäure einen gewissen Werth erreicht hat, und wenn also in Folge dessen gleichzeitig unveränderter Kalkstein und seine Zersetzungsproducte neben einander vorhanden sind. Ein solches Gleichgewicht soll, um bei dem gewählten Beispiele zu bleiben, durch die folgende Bezeichnung ausgedrückt werden:

$$CO_3Ca \rightleftarrows CO_2 + CaO\,,$$

wo durch die beiden entgegengerichteten Pfeile angezeigt werden soll, dass das Gleichgewicht als das Ergebniss zweier entgegengesetzten Umwandlungen zwischen zwei verschiedenen Zuständen des Stoffes betrachtet werden kann, welche in der Folge mit den Ausdrücken »Erstes« und »zweites System« bezeichnet werden sollen.

Die Gesetze, welche die relative Menge der beiden Systeme im Gleichgewichtszustande unter bestimmten Volumen- und

*) Vergl. die Anmerkungen S. 86 u. folg. [ ] bezieht sich auf die Seitenzahlen des Originales.

Temperaturbedingungen beherrschen, können sowohl durch den Versuch wie durch die Theorie in Angriff genommen werden, wobei man bezüglich der letzteren zwischen zwei verschiedenen Ausgangspunkten zu unterscheiden hat, nämlich zwischen der Thermodynamik und der kinetischen Theorie.

Um zu zeigen, wie weit diese Gesetze bekannt sind, sei daran erinnert, dass es für die gasförmigen Systeme, welche genügend verdünnt sind, um die Gültigkeit der Gesetze von *Boyle* und von *Gay-Lussac* zu gestatten, wie z. B. beim Gleichgewichte der Untersalpetersäure

$$N_2O_4 \rightleftarrows 2\,NO_2\,,$$

eine genügende Uebereinstimmung zwischen den Versuchsdaten und den theoretischen, auf oben genannten beiden verschiedenen Wegen erhaltenen Ableitungen giebt. Das Gesetz, welches in einem solchen Falle die bei constanter Temperatur gültigen Beziehungen ausdrückt, stellt sich durch folgende Gleichung dar:

$$\frac{C_{\prime\prime}^{n_{\prime\prime}}}{C_{\prime}^{n_{\prime}}} = K\,, \qquad (1)$$

in welcher $C_{\prime\prime}$ und $C_{\prime}$ die Concentrationen der beiden Systeme, also in unserem Beispiele die Mengen von $2\,NO_2$ und von $N_2O_4$ pro Volumeneinheit,

$n_{\prime\prime}$ und $n_{\prime}$ die Anzahl Moleküle bezeichnen, welche zur Umwandlung des zweiten Systems in das erste nothwendig sind, folglich in unserem besonderen Beispiele $n_{\prime\prime} = 2$ und $n_{\prime} = 1$.

$K$ endlich ist eine Constante, welche nur von der Temperatur abhängt.

Die angegebene Beziehung (1), welche wir in der Folge die Gleichung von *Guldberg* und *Waage* nennen wollen, lässt sich auch [4] auf das heterogene Gleichgewicht anwenden, bei welchem gleichzeitig feste oder flüssige und gasförmige Stoffe vorhanden sind, vorausgesetzt, dass diese letzteren die erwähnte Verdünnung haben. Wir nehmen z. B. wieder den Fall mit Kalkstein:

$$CaCO_3 \rightleftarrows CO_2 + CaO.$$

Der einzige Unterschied in der Anwendung der Gleichung (1) in diesen Fällen besteht darin, dass $n_{\prime}$ und $n_{\prime\prime}$ nur auf diejenigen Körper sich beziehen, welche im Gaszustande vorhanden sind. Man hat also in unserem Beispiele $n_{\prime} = 0$ und $n_{\prime\prime} = 1$.

Diese Sachlage hat einen Fortschritt erfahren durch Einführung der Beziehung zwischen der Gleichgewichtsconstanten $K$ und der Temperatur, einer Beziehung*), welche aus den Grundsätzen der Thermodynamik abgeleitet und durch die Erfahrung bestätigt worden ist. Sie wird durch die folgende Gleichung ausgedrückt:

$$\frac{d\,l K}{d T} = \frac{q}{2 T^2}, \qquad (2)$$

in welcher $q$ die Wärme bedeutet, welche entwickelt wird, wenn bei constantem Volumen das Kilogrammmolekulargewicht des zweiten Systemes sich in das erste umwandelt. Es sei beachtet, dass diese Beziehung auf beide soeben unterschiedene Formen des Gleichgewichtes, sowohl auf das homogene wie auf das heterogene, angewandt werden kann.

---

Während also die Gesetze für Systeme, welche ganz oder zum Theil aus genügend verdünnten gasförmigen Stoffen bestehen, wohl bekannt sind, ist dem nicht so für die Lösungen. Obwohl eine gewisse Analogie[2]) der beiden Fälle auch eine Aehnlichkeit in den Gesetzen für beide Arten von Erscheinungen erwarten lässt, mangelt es dennoch an einer strengen Ableitung der Gesetze für das Gleichgewicht in den Lösungen.

Die vorliegende Arbeit soll dazu dienen, diese Lücke auszufüllen. Es ist in der That mit Hülfe der Thermodynamik möglich gewesen, die Gesetze des homogenen und heterogenen Gleichgewichtes für beliebige verdünnte Lösungen abzuleiten, und die erhaltenen Beziehungen erweisen sich in Uebereinstimmung mit der Erfahrung.

Um das Ergebniss in kurzen Worten auszudrücken, bemerke ich, dass die Gleichung (2) auch noch unter diesen Umständen gültig ist, dass aber die für gasförmige Systeme streng gültige Gleichung von *Guldberg* und *Waage* meines Erachtens für die gelösten Systeme eine kleine Aenderung erfahren muss, indem sie die folgende Form annimmt:

$$\frac{C_{\prime\prime}^{\Sigma a_{\prime\prime} i_{\prime\prime}}}{C_{\prime}^{\Sigma a_{\prime} i_{\prime}}} = K.$$

---

*) Der theoretische und experimentelle Beweis dieser Beziehung befindet sich ebenfalls auf den folgenden Seiten.

Die Bezeichnung $a$ in diesem Ausdrucke lässt sich nur mit Hülfe des Gleichgewichtssymbols von der allgemeinen Form

$$a_{\prime}'M_{\prime}' + a_{\prime}''M_{\prime}'' + \text{etc.} \rightleftarrows a_{\prime\prime}'M_{\prime\prime}' + a_{\prime\prime}''M_{\prime\prime}'' + \text{etc.}$$

erklären, wo $M$ die Molekularformel einer Verbindung und $a$ die Anzahl von Molekülen bedeuten, mit welchen diese Verbindung an der Umwandlung theilnimmt. Die in dem [5] obigen Ausdrucke vorkommende Grösse $i$ schliesslich hängt von der Natur des Lösungsmittels ab und von der Natur der Verbindung, um welche es sich handelt. Für die Gase ist diese Grösse gleich Eins und führt also auf die Gleichung von *Guldberg* und *Waage*. Für die in Wasser gelösten Stoffe ist diese Grösse gleich der molekularen Gefrierpunktserniedrigung der Verbindung, dividirt durch 18,5. Für die verschiedenen Lösungen verweise ich auf die später folgenden Einzelheiten.

## I. Anwendung der Grundsätze der Thermodynamik auf die Lösungen mit Hülfe der halbdurchlässigen Wand.

Bei Inangriffnahme des Problems des Gleichgewichts in den Lösungen boten sich zwei Ausgangspunkte, die Thermodynamik und die kinetische Theorie.

Da es nun aber die Thermodynamik gewesen ist, welche zum Ziele geführt hat, so beginne ich damit, zuerst in kurzen Worten ihren Inhalt in der Form darzulegen, in welcher sie im Folgenden angewandt worden ist. Es handelt sich also um die zwei folgenden Gesetze:

Erster Hauptsatz der Thermodynamik. (Satz von der Erhaltung der Arbeit.)

Bekanntlich enthält dieser Satz die Thatsache, dass, wenn es sich nur um zwei Formen der Arbeit handelt, nämlich um mechanische Arbeit ($F$) und um Wärme ($Q$), jedes verschwundene Kilogrammmeter sich in Form von $\frac{1}{423,55}$ ($= A$) Kalorien wiederfindet und umgekehrt.

Hiervon interessirt uns besonders die Schlussfolgerung, welche Bezug hat auf einen sogenannten Kreisprocess, d. h. auf eine Reihenfolge von Umwandlungen, welche schliesslich wieder auf den anfänglichen Zustand, von dem man ausgegangen ist, zurückführt. In einem solchen, an beliebigen Systemen und auf beliebige Weise ausgeführten Kreisprocesse ist die innere Arbeit Null, und der ausgesprochene Hauptsatz führt zur Gleichheit zwischen der Summe der absorbirten Wärmemengen $(Q)$ und der Summe der nach aussen geleisteten Arbeiten $(F)$, wenn man die letzteren jedesmal in Kalorien ausdrückt:

$$\Sigma Q = A \Sigma F \tag{1}$$

Es versteht sich von selbst, dass eine entwickelte Wärmemenge in diese Gleichung mit negativem Zeichen eintritt und ebenso eine von dem System verbrauchte Arbeitsmenge.

### Zweiter Hauptsatz der Thermodynamik. (Satz von *Carnot-Clausius.*)

Dieser Satz sagt aus, dass die Wärme nicht von selbst von einem Körper auf einen anderen mit höherer Temperatur übergeht.

Hiervon interessirt uns besonders die Schlussfolgerung, welche sich auf die Umwandlungen bezieht, die man umkehrbare nennt, weil sie sich sowohl in einem wie im anderen Sinne vollziehen können. Wenn z. B. ein Gas sich ausdehnt, indem es einen Kolben emporhebt, welcher durch ein daraufgesetztes Gewicht dem Gasdrucke eben das Gleichgewicht hält, so ist das eine umkehrbare Umwandlung; das ist aber nicht mehr der Fall, wenn der Kolben mit einem kleineren Gewichte belastet ist.

Für einen Kreis solcher Umwandlungen ist die Summe der absorbirten Wärmemengen $(Q)$, eine jede dividirt durch die absolute Temperatur $(T)$, bei welcher sie absorbirt worden ist, gleich Null:

$$\Sigma \frac{Q}{T} = 0\,. \tag{2}$$

Eine entwickelte Wärmemenge wird auch dieses Mal als negativ bezeichnet.

---

[6] Es handelt sich darum, aus diesen beiden Hauptsätzen zwei Schlussfolgerungen abzuleiten, von denen die eine Bezug hat auf den Kreisprocess bei constanter Temperatur, die andere auf den Kreisprocess bei veränderlicher Temperatur.

## Umkehrbarer Kreisprocess bei constanter Temperatur.

Wenn die Temperatur während aller Umwandlungen unveränderlich bleibt, so kann man den Ausdruck (2) mit T multipliciren und man erhält

$$\Sigma Q = 0,$$

was unter Anwendung der Beziehung (1) ergiebt:

$$\Sigma F = 0. \tag{3}$$

In anderen Worten: Bei einem umkehrbaren Kreisprocess, welcher bei constanter Temperatur vollzogen wird, ist die Summe der äusseren Arbeiten gleich Null.

## Umkehrbarer Kreisprocess bei veränderlicher Temperatur.

Es handelt sich darum, aus den ausgesprochenen Hauptsätzen die Schlussfolgerung zu ziehen für den besonderen Fall, wo bei zwei verschiedenen Temperaturen ($T_1$ und $T_2$) zwei Wärmemengen ($Q_1$ und $Q_2$) absorbirt werden. Die Ausdrücke (1) und (2) werden dann:

$$Q_1 + Q_2 = A\Sigma F \quad \text{und} \quad \frac{Q_1}{T_1} + \frac{Q_2}{T_2} = 0.$$

Nehmen wir $T_1$ höher als $T_2$ an und eliminiren wir $Q_2$, so erhält man

$$A\Sigma F = Q_1 \frac{T_1 - T_2}{T_1} \tag{4}$$

Mit anderen Worten: Die Summe der äusseren Arbeiten ist gleich der aufgenommenen Wärme multiplicirt mit dem Verhältniss der Temperaturdifferenz zur Temperatur, bei welcher die Wärmemenge aufgenommen worden ist. Man sieht, dass dieser Ausdruck die Beziehung (3) mit einschliesst für den Fall, dass $T_1$ und $T_2$ gleich sind.

Es ist noch nothwendig, den analytischen Ausdruck eines Kreisprocesses hinzuzufügen, welcher einen besonderen Fall der angegebenen Art darstellt. Der Körper, welcher den Aenderungen unterworfen werden soll, sei z. B. ein Gas, welches ein Volumen von $V$ Cubikmetern einnimmt und einen Druck von $P$ kg pro Quadratmeter ausübt, und befinde sich bei der

Temperatur $T$ in einem Cylinder mit Kolben von einem Quadratmeter Fläche. Diesen Zustand wollen wir mit $a$ bezeichnen, $OA = V$, $Aa = P$. Es werde nun eine umkehrbare Aenderung ausgeführt, ohne dass sich die Temperatur ändert. Bei dieser Aenderung, welche man eine isotherme nennt, findet eine Vergrösserung des Volumens um $dV$ Cubikmeter statt, in Folge einer Verschiebung des Kolbens um $dV$ Meter, welche durch $AB$ bezeichnet wird, so dass sich der Zustand jetzt durch $b$ darstellen lässt. Nun wurde die Temperatur während dieser Aenderung constant gehalten durch Zuführung der Wärmemenge $Q$, welche von dieser Aenderung verbraucht wird und welche man analytisch darstellen kann durch den Ausdruck

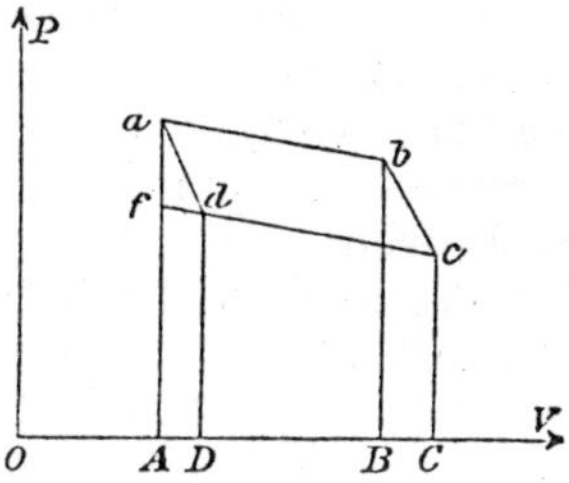

Fig. 1.

$$Q = \left(\frac{\delta Q}{\delta V}\right)_T dV,$$

[7] wenn man mit $\left(\frac{\delta Q}{\delta V}\right)_T$ das Verhältniss zwischen der verbrauchten Wärmemenge und der Volumvergrösserung bei constanter Temperatur $T$ bezeichnet. Hierauf geschieht eine zweite Ausdehnung, aber diesmal ohne Ein- oder Austritt von Wärme. Während dieser Aenderung, welche wir isentropisch nennen und mit $bc$ bezeichnen, sinkt die Temperatur um $dT$. Schliesslich kehrt man zum anfänglichen Zustande mittelst zweier Aenderungen zurück, von denen die eine $cd$ isotherm und die andere $da$ isentropisch ist.

Man muss nun beachten, dass die geleistete Arbeit ($\Sigma F$) gemessen wird durch die Fläche $abcd$ und folglich

$$\Sigma F = af \times AB = \left(\frac{\delta P}{\delta T}\right)_V dT \times dV.$$

Setzt man die so erhaltenen Werthe von $Q$ und von $\Sigma F$ in die Beziehung (4) ein, so erhält man

$$A\left(\frac{\delta P}{\delta T}\right)_V dT \times dV = \left(\frac{\delta Q}{\delta V}\right)_T dV \frac{dT}{T},$$

was durch Vereinfachung wird zu:

$$A\left(\frac{\delta P}{\delta T}\right)_V = \frac{1}{T}\left(\frac{\delta Q}{\delta V}\right)_T. \qquad (5)$$

Nun ist die Anwendung der thermodynamischen Grundsätze auf das Gleichgewichtsproblem in den verdünnten Lösungen sehr erheblich erleichtert oder vielmehr erst möglich geworden, indem man sich die umkehrbaren Aenderungen mit Hülfe einer Wand ausgeführt dachte, welche wir eine halbdurchlässige nennen wollen, weil sie das Lösungsmittel, z. B. Wasser, hindurchlässt, während sie sich dem Durchgang der gelösten Stoffe widersetzt. Diese Art von Filtration ist nicht nur eine Fiction, sondern die Natur selbst bietet uns solche Wände in dem lebenden Protoplasma, welches nur Wasser durchlässt, und die Herren *Traube*[3]) und *Pfeffer* haben diese Eigenschaft auch bei Niederschlagsmembranen wieder erhalten, welche sie durch gemässigten Contact zweier Flüssigkeiten, wie z. B. einer Kupferlösung und einer Lösung von Kaliumferrocyanür, darstellten, die durch ihre gegenseitige Wirkung das Kupferferrocyanür als Niederschlag bilden.

Die Erfahrung hat gezeigt, dass diese Membranen sich dem Durchgange der gelösten Stoffe widersetzen, dagegen den des Wassers gestatten, und man kann sich sogar solche Membranen verschaffen, welche durchlässig sind für einen solchen gelösten Körper, nicht aber für einen anderen. Wir wollen von diesen halbdurchlässigen Wänden einen weiten Gebrauch machen und auch, wenn es nöthig ist, diese soeben angegebene auswählende Durchlässigkeit einführen.

Wir wollen zunächst zeigen, wie eine solche Wand zur Ausführung umkehrbarer Aenderungen dienen kann. Die Versuche von Herrn *Pfeffer* *) zeigen dieses deutlich:

Ein poröses Gefäss, wie man es bei den galvanischen Batterien anwendet, wird mit einer Lösung von Kupfersulfat gefüllt und in ein anderes Gefäss, welches Kaliumferrocyanür enthält, gesenkt. Die Lösungen begegnen sich innerhalb der Gefässwand, aus welcher man die Luft zuvor durch vorhergehende Befeuchtung verdrängt hat, und bilden hier eine halbdurchlässige Membran von Kupferferrocyanür. Das so vorbereitete Gefäss wird gewaschen, dann z. B. mit einer 1 procentigen Zuckerlösung gefüllt, geschlossen und in Wasser getaucht.

[8] So beginnt die Erscheinung der Osmose mit der Eigenthümlichkeit, dass der Zucker nicht aus dem Gefässe heraustreten kann, und dass das Wasser allein hineintreten kann,

---

*) Osmotische Untersuchungen. Leipzig 1877.

indem es die Wand durchdringt. Nun erzeugt dieser Wassereintritt, wenn das Gefäss geschlossen ist, einen Druck, welcher für die angegebene Lösung bei 6,8° zu 50,5 mm Quecksilber gefunden worden ist.

Gleichzeitig ist festgestellt worden, dass, wenn man den angegebenen Druck auf den Inhalt des Gefässes überschreitet, das Wasser in umgekehrter Richtung durch die Wand hindurch zu gehen beginnt.

Wir haben hier also eine umkehrbare Concentrationsänderung, welche man mit einem gelösten Stoffe gerade so wie mit einem Gase ausführen kann. Im letzteren Falle bewegt sich der Kolben *P* durch eine Kraft, welche dem Drucke des gasförmigen Stoffes das Gleichgewicht hält. Im Falle eines gelösten Stoffes kann man sich einen Cylinder und Kolben aus genügend widerstandsfähigen, halbdurchlässigen Wänden hergestellt und das Ganze in das Lösungsmittel eingesenkt denken. Auch hier wird sich dann der Kolben mit Hülfe einer Kraft bewegen können, welche dem Drucke das Gleichgewicht hält, den die Lösung in Folge der die Osmose hervorrufenden Anziehung ausübt, einen Druck, den wir deshalb den osmotischen Druck nennen. Es ist klar, dass jede Bewegung des Kolbens von dem Durchgange des Lösungsmittels durch die Gefässwand begleitet sein wird.

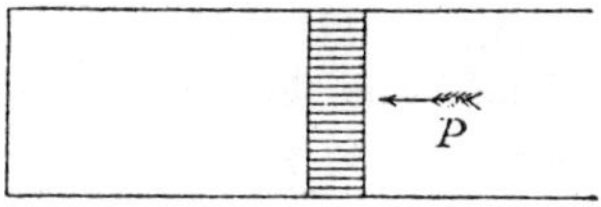

Fig. 2.

## II. Das Gesetz von Boyle in den verdünnten Lösungen. Die bei einer umkehrbaren isothermen Aenderung geleistete Arbeit.

Das Vorangehende hatte Bezug auf den gelösten Zustand im Allgemeinen. Jetzt wollen wir davon eine Nutzanwendung für den besonderen Fall der verdünnten Lösungen machen.

Es ist klar, dass ein gelöster Stoff ganz so wie ein gasförmiger einen Druck auf die Wände des Gefässes, das er einnimmt, ausüben wird, und dass er sich auszudehnen suchen wird, vorausgesetzt, dass er in ein halbdurchlässiges Gefäss eingeschlossen und dieses Gefäss in das Lösungsmittel getaucht ist. Dies ist der Fall bei dem zuckerhaltigen Wasser, z. B. in dem pflanzlichen Protoplasten oder in der künstlichen, in Wasser getauchten Zelle der Herren *Pfeffer* und *Traube*.

Aber die Analogie zwischen den Gasen und den Lösungen kann bei Betrachtung unter diesen Umständen noch weiter getrieben werden. In der That hat man in beiden Fällen dasselbe Gesetz, nämlich das sogenannte *Boyle*'sche, d. h. bei constanter Temperatur Proportionalität zwischen dem Drucke und der Concentration, jedesmal unter der Voraussetzung, dass die Lösung genügend verdünnt sei.

## Theoretische Ableitung des *Boyle*'schen Gesetzes in den verdünnten Lösungen.

Man kann a priori die Nothwendigkeit dieser Proportionalität im Falle der gelösten Stoffe ebenso wie in dem der Gase verstehen. Wenn in der That die ersteren genügend verdünnt sind, so wird ein jedes der gelösten Theilchen unabhängig von den anderen auf das Lösungsmittel die gleiche Anziehung ausüben und die gesammte Anziehung, welche man durch den osmotischen Druck misst, wird folglich proportional sein der Anzahl der Theilchen in der Volumeneinheit, d. h. der Concentration der Lösung.[3a])

## Experimenteller Beweis. Directe Messung des osmotischen Druckes bei verschiedenen Concentrationen.

Der Versuch bestätigt diese Voraussagung.

[9] Herr *Pfeffer* *) sah, wie in der beschriebenen Zelle die folgenden Concentrationen ($C$) einer Zuckerlösung bei 13,5° bis 16,1° folgende osmotische Drucke ($P$) erzeugten:

| $C$ | $P$ | $\frac{P}{C}$ |
|---|---|---|
| 1,00 % | 535 mm | 535 mm |
| 2,00 - | 1016 - | 508 - |
| 2,74 - | 1518 - | 554 - |
| 4,00 - | 2082 - | 521 - |
| 6,00 - | 3075 - | 513 - |

Man sieht an der genügenden Constanz der Werthe $\frac{P}{C}$, dass Proportionalität zwischen der Concentration und dem Drucke vorhanden ist.

---

*) l. c. p. 81.

## Vergleichung der osmotischen Drucke auf physiologischem Wege.

Herr *De Vries* *) maass die osmotischen Drucke mit Hülfe des pflanzlichen Protoplasten, welcher sich sogleich zusammenzuziehen beginnt, sobald die Zelle in eine Lösung getaucht wird, welche höheren osmotischen Druck hat, als der Inhalt des erwähnten Protoplasten.

Auf diese Weise gelangt man mit Flüssigkeiten von verschiedenen Concentrationen zur Bestimmung derjenigen Concentration, welche als Vergleichseinheit dient. Dieses Ergebniss kann mit einem beliebigen gelösten Stoffe erhalten werden, und man erhält so mehrere sogenannte isotonische Flüssigkeiten, welche einen gleichen Druck ausüben, wie die Flüssigkeit im Innern des Protoplasten, und welche folglich in dieser Beziehung auch unter einander gleich sind.

Wenn man mittelst dieses Verfahrens mit Zellengeweben arbeitet, welche verschiedenen osmotischen Druck bieten, so kann man offenbar verschiedene Reihen von isotonischen Flüssigkeiten erhalten. Nun hat Herr *De Vries*[4]), und dies ist für unseren Zweck wesentlich, dasselbe Verhältniss der Concentrationen in den verschiedenen Reihen gefunden**). Ich führe hier die absolute Grösse der Concentration in molekularen Mengen pro Liter ($H = 1$ g) an neben den Verhältnisszahlen der Concentrationen, wobei die Concentration des Salpeters in den verschiedenen Reihen als Einheit genommen ist:

| Serie | $NO_3K$ | $C_{12}H_{22}O_{11}$ | $SO_4K_2$ | $NO_3K = 1$ | $C_{12}H_{22}O_{11}$ | $SO_4K_2$ |
|---|---|---|---|---|---|---|
| I | 0,12 | — | 0,09 | 1 | — | 0,75 |
| II | 0,13 | 0,2 | 0,10 | 1 | 1,54 | 0,77 |
| III | 0,195 | 0,3 | 0,15 | 1 | 1,54 | 0,77 |
| IV | 0,26 | 0,4 | — | 1 | 1,54 | — |

Diese Proportionalität ist in Uebereinstimmung mit dem soeben ausgesprochenen Gesetze und dies ist ebenso der Fall mit anderen Versuchen desselben Verfassers über Lösungen von mehreren gemischten Stoffen***), wo der osmotische Druck immer mit demjenigen übereinstimmt, welchen man erhält

---

*) Eine Methode zur Analyse der Turgorkraft. *Pringsheim's* Jahrbücher, XIV.

**) l. c. p. 475.

***) l. c. p. 479.

unter der Annahme, dass dieser Druck der Concentration eines jeden der gelösten Stoffe proportional ist.

Die Proportionalität zwischen dem Drucke und der Concentration bei constanter Temperatur, wie ich sie eben betont habe, gestattet die Arbeit zu ermitteln, welche bei constanter Temperatur geleistet wird, [**10**] wenn sich auf umkehrbarem Wege eine Volumveränderung vollzieht, also wenn in einem Kolbencylinder mit halbdurchlässigen Wänden, welcher in das Lösungsmittel taucht, der Kolben in allen seinen Bewegungsphasen den osmotischen Druck eben im Gleichgewicht hält. Unter der Voraussetzung, dass die Menge des betreffenden gelösten Stoffes, wenn sie sich in der Volumeinheit (1 cbm) befindet, einen osmotischen Druck von $P$ kg pro Quadratmeter ausübt, berechnet sich der Druck $P_V$, welcher bei dem Volumen $V$ Cubikmeter von ihm ausgeübt wird, also nach folgender Beziehung:

$$P_V V = P.$$

Da nun aber die Arbeit, um welche es sich handelt, ausgedrückt wird durch:

$$\int_{V_1}^{V_2} P_V dV = \int_{V_1}^{V_2} P \frac{dV}{V} = Pl \frac{V_2}{V_1},$$

so erhält man nach Einsetzung der Concentrationsverhältnisse an Stelle der ihnen gleichen reciproken Volumverhältnisse den Ausdruck $Pl \frac{C_1}{C_2}$, welchen wir in der Folge häufig anwenden werden.

## III. Das Gesetz von Gay-Lussac in den verdünnten Lösungen.

Während die Proportionalität zwischen dem Drucke und der Concentration bei constanter Temperatur (Gesetz von *Boyle*) eine Eigenschaft ist, welche man bei den verdünnten Lösungen erwarten konnte, ist das anders bezüglich der Proportionalität zwischen diesem Drucke und der absoluten Temperatur bei constanter Concentration (Gesetz von *Gay-Lussac*). Trotzdem kann man die Nothwendigkeit dieser letzten Beziehung, so wie sie sich aus den Grundsätzen der Thermodynamik ableitet, beweisen, und man wird sehen, dass die

Versuchsergebnisse, obwohl für sich allein zum Beweise ungenügend, das theoretische Resultat bekräftigen.

## Theoretischer Beweis des Gesetzes von *Gay-Lussac* in den verdünnten Lösungen.

Bei der theoretischen Ableitung denken wir uns eine Lösung, welche genügend verdünnt ist, so dass die gegenseitige Wirkung der gelösten Theilchen auf einander vernachlässigt werden kann. Wir wollen mit dieser Lösung einen Kreis von umkehrbaren Aenderungen ausführen, wie wir es oben beschrieben haben (Seite 9 [6]). Zu diesem Zwecke soll sie sich in einem Cylinder mit halbdurchlässiger Wand, welcher durch einen Kolben geschlossen ist, befinden; das Ganze sei in das Lösungsmittel getaucht. Man gelangt so genau auf die angegebene Weise zu der bereits bemerkten Schlussfolgerung (5):

$$A\left(\frac{\delta P}{\delta T}\right)_V = \frac{1}{T}\left(\frac{\delta Q}{\delta V}\right)_T,$$

worin $\left(\frac{\delta P}{\delta T}\right)_V$ das Verhältniss bezeichnet zwischen der Zunahme des osmotischen Druckes und der Zunahme der Temperatur bei constantem Volumen oder constanter Concentration. Der Werth $\left(\frac{\delta Q}{\delta V}\right)_T$ bezeichnet die aufgenommene Wärme, wenn bei constanter Temperatur das Volumen um die Einheit (1 cbm) zunimmt. Nun wird, wenn die Lösung dermaassen verdünnt ist, dass die gegenseitige Wirkung der Theilchen auf einander zu vernachlässigen ist[5]), die innere Arbeit, welche die vor sich gehende Verdünnung begleitet, auch verschwindend klein, so dass man die aufgenommene Wärmemenge in ihrer Gesammtheit wieder findet in der äusseren Arbeit, welche der Kolben bei der Volumvermehrung um einen Cubikmeter leistet. Man erhält so:

[11] $$\left(\frac{\delta Q}{\delta V}\right)_T = AP,$$

was auf den Ausdruck führt:

$$\left(\frac{\delta P}{\delta T}\right)_V = \frac{P}{T};$$

hieraus erhält man durch Integration bei constantem Volumen oder constanter Concentration:

$$\frac{P}{T} = \text{Const.}$$

Dies ist der Ausdruck des Gesetzes von *Gay-Lussac:* Der Druck ist proportional der absoluten Temperatur, wenn die Concentration sich nicht ändert.

Experimenteller Beweis: Directe Messung des osmotischen Druckes bei verschiedenen Temperaturen.

Wenn man das theoretische Ergebniss mit den Versuchsdaten vergleichen will, so verdienen zunächst die Versuche von Herrn *Pfeffer* Beachtung. In der That findet dieser Forscher, dass ohne Ausnahme die Erhöhung der Temperatur den osmotischen Druck vergrössert. Ja noch mehr, man erkennt, obwohl die Versuche zur genauen Bestimmung dieser Zunahme nicht genau genug sind, trotzdem, dass diese Vergrösserung sich merklich dem Werthe nähert, welchen das hier gegebene Gesetz verlangt.

Wir wollen auf diese Weise nach den Versuchsdaten dieses Verfassers (Seite 114 und 115) den Werth von $a$ in der folgenden Beziehung berechnen:

$$\frac{P_1}{P_2} = \frac{a + t_1}{a + t_2}.$$

| | $t_1$ | $P_1$ | $t_2$ | $P_2$ | $a$ | |
|---|---|---|---|---|---|---|
| Rohrzucker . . . . . | 14,15° | 510 | 32° | 544 | 254 | 234 |
| - . . . . . | 15,5° | 520,5 | 36° | 567 | 214 | |
| Weinsaures Natrium | 13,3° | 1431,6 | 36,6° | 1564 | 239 | 259. |
| - - | 13,3° | 908 | 37,3° | 983 | 278 | |

Man findet so den Mittelwerth $a = 247$, während das Gesetz von *Gay-Lussac* den Werth $a = 273$ fordert, man kann also sagen, dass eine genügende Uebereinstimmung vorhanden ist[5a]).

Versuche von Herrn *Soret**).

Die Erscheinung, welche Herr *Soret* beobachtet hat, ist eine der anschaulichsten, um die Analogie zwischen den Gasen

*) Archives des Sciences phys. et nat. (3) 11. 48; Ann. de Chim. et de Phys. (5) XXII. 293.

und den Lösungen zu zeigen, wenn es sich um den Einfluss der Temperatur handelt. Wie in einem Gase bei Ungleichheit der Temperatur[6]) der heisseste Theil auch der am wenigsten concentrirte ist, so ist es in der That ebenso bei der Lösung, in welcher sich das Gleichgewicht eingestellt hat. Der einzige Unterschied ist der, dass sich der letzte Fall durch äusserste Langsamkeit unterscheidet, indem mehr als ein Monat nothwendig ist, bevor der Endzustand erreicht wird. Nichtsdestoweniger sah Herr *Soret*, nachdem er den oberen Theil einer verticalen, genügend langen und vollständig mit einer Lösung gefüllten Röhre lange Zeit erhitzt hatte, regelmässig die Concentration der oberen Schichten vermindert zu Gunsten derjenigen, welche tiefer lagen. Nach dem Vorstehenden konnte man das erwarten. Da der osmotische Druck durch Erhöhung der Temperatur grösser wird, so muss sich in der That das Lösungsmittel nach den wärmeren Theilen hin verschieben.

Während also das *Soret*'sche Phänomen nach der qualitativen Seite hin die obigen Auseinandersetzungen bestätigt, ist wenigstens in den letzten Versuchen dieses Forschers auch noch eine sehr befriedigende Uebereinstimmung der quantitativen Seite vorhanden. Wir wollen einmal mit Hülfe der Concentrationen ($C_1$ und $C_2$), welche nach *Soret* am Ende einer genügend langen Zeit den Temperaturen $t_1$ und $t_2$ entsprechen, den Werth $a$ nach der folgenden Gleichung berechnen:

[12] $$C_2 : C_1 = a + t_1 : a + t_2 ,$$

man erhält:

| | $t_1$ | $C_1$ | $t_2$ | $C_2$ | $a$ | |
|---|---|---|---|---|---|---|
| Kupfersulfat | 20° | 17,332 | 80° | 14,039 | 236 | } 228. |
| - | 20° | 29,867 | 80° | 23,871 | 219 | |

Diese Zahl (228) nähert sich deutlich dem theoretischen Werthe (273). In Wahrheit geben die früheren Werthe von Herrn *Soret* schwerere Abweichungen, welche mir indessen in Anbetracht der Versuchsschwierigkeiten nicht als ernste Einwände erscheinen[6a]).

## Physiologische Versuche.

Wie das Gesetz von *Gay-Lussac* verlangt, muss der Druck, wenn er bei verschiedenen Gasen bei einer gegebenen

Temperatur gleich ist, auch bei ihnen gleich bleiben, wenn die Temperatur sich ändert. Ebenso muss nach demselben Gesetze die Isotonie der verschiedenen Lösungen, welche bei einer gegebenen Temperatur isotonisch sind, auch erhalten bleiben, selbst wenn sich die Temperatur ändert. In der That haben die Herren *Donders* und *Hamburger* *) dies bewiesen, indem sie in analoger Weise wie Herr *De Vries*, aber diesmal mit thierischen Zellen (Blutkörperchen) Versuche anstellten. Sie finden bei den Temperaturen 0° und 34° Gleichheit des osmotischen Druckes zwischen dem Inhalt dieser Zellen und den folgenden Lösungen mit den nachfolgend angegebenen **) Concentrationen:

| | Temperatur 0° | Temperatur 34° |
|---|---|---|
| $KNO_3$ | 1,052 bis 1,03 % | 1,052 bis 1,03 % |
| $NaCl$ | 0,62 - 0,609 - | 0,62 - 0,609 - |
| $C_{12}H_{22}O_{11}$ | 5,48 - 5,38 - | 5,48 - 5,38 - |

Man kann also sagen, dass auch diese Versuche dem hier ausgesprochenen Gesetze günstig sind.

## IV. Ausdruck der zusammengefassten Gesetze von Boyle und Gay-Lussac für verdünnte Lösungen. Vereinfachung, welche sich bei Betrachtung der molekularen Menge ergiebt. Druck eines Systems von Stoffen bei der Einheit der Concentration.

Die bekannte Formel für Gase:

$$PV = RT,$$

wo $P$ den Druck, $V$ das Volumen, $T$ die absolute Temperatur und $R$ eine von der Natur und Menge des betreffenden Gases abhängige Constante bedeutet, gilt von nun an auch für die verdünnten Lösungen, wenn man sie unter den beschriebenen Umständen betrachtet. In der That ist die hier angeführte Gleichung nichts anderes als ein algebraischer Ausdruck der zusammengefassten Gesetze von *Boyle* und *Gay-Lussac*. Auch hier ist nur dieselbe Beschränkung, welche bei ihrer Anwendung auf die gasförmigen Stoffe nothwendig ist, zu berück-

*) Onderzoekingen gedaan in het physiologisch Laboratorium der Utrechtsche Hoogeschool (3) IX, 26.
**) l. c. p. 36.

sichtigen, und die Analogie dieser beiden Zustände der Materie ist eine derartige, dass auch der Grund dieser Beschränkung in den beiden Fällen vollständig derselbe ist; sobald nämlich sowohl bei den Gasen wie bei den gelösten Stoffen die Concentration so gross ist, dass die gegenseitige Wirkung der Theilchen nicht mehr zu vernachlässigen ist, so machen sich im ersten Falle bekanntlich Abweichungen bemerkbar und ebenso kann die Schlussfolgerung, auf welcher sich für die Lösung die abgeleiteten Gesetze gründen, unter solchen Umständen nicht mehr angenommen werden.

[13] Es sei hinzugefügt, dass für die Lösungen eine leicht herzustellende Erscheinung das Vorhandensein einer gegenseitigen Wirkung der gelösten Theilchen verräth. Diese Wirkungen geben zur Erzeugung innerer Arbeiten beim Verdünnungsvorgange Anlass, welche sich durch ihr thermisches Aequivalent offenbaren. Folglich lassen sich die dargelegten Gesetze nur auf solche Lösungen anwenden, welche so verdünnt sind, dass die Verdünnungswärme verschwindend klein wird. Es ist klar, dass man damit keine bestimmte Grenze eingeführt hat, welche den Geltungsbereich dieser Gesetze angiebt. In der That ist weder für die Gase noch für die Lösungen eine solche Grenze vorhanden. Es handelt sich nur um einen Grenzzustand, welchem sich die Lösungen beim Verdünnen mehr und mehr nähern, ohne ihn jemals vollständig zu erreichen, und nur in diesem idealen Falle, bei welchem wir im Folgenden von »der idealen Lösung« sprechen wollen, werden diese soeben abgeleiteten Beziehungen und diejenigen, welche wir noch erhalten werden, eine strenge Gültigkeit besitzen.

---

Zum Gebrauch der angeführten Beziehung ist in der Folge eine Vereinfachung einzuführen, indem wir die verschiedenen Stoffe in Mengen von Kilogrammmolekülen betrachten*) d. h. z. B. von Wasserstoff 2 kg, von Kohlensäure 44 kg, von Kochsalz 58,5 kg u. s. w.

Für gasförmige Stoffe kommt die so eingeführte Vereinfachung darauf hinaus, dass der Werth $R$ in dem Ausdrucke

$$PV = RT,$$

dann in allen Fällen gleich ist, weil die molekularen Mengen

*) *Horstmann*, Berliner Berichte, XIV, 1243.

der verschiedenen Stoffe in gasförmigem Zustande bei gleichem Drucke und gleicher Temperatur dasselbe Volumen einnehmen. Dieser Werth $R$ kommt auf ungefähr 845, wenn man $P$ in Kilogrammen pro Quadratmeter, $V$ in Cubikmetern, $T$ absolut ausdrückt. Wenn man zu seiner Bestimmung z. B. mit 2 kg Wasserstoff bei 0° C. und Atmosphärendruck rechnet, so hat man:

$$P = 10333, \quad V = \frac{2}{0{,}08958}, \quad T = 273, \quad R = 845{,}05.$$

Hieraus folgt, dass der Druck eines beliebigen Gases gleich $RT$ wird, wenn die molekulare Menge in Kilogrammen sich im Cubikmeter befindet. Es ist daher recht einfach, diesen Druck zu berechnen, wenn es sich um ein System von gemischten gasförmigen Stoffen handelt, deren durch die chemische Formel bezeichnete Menge in Kilogrammen sich im Cubikmeter befindet, welche Concentration wir in der Folge als Einheit annehmen wollen. Wenn nämlich die chemische Formel die folgende ist:

$$a'M' + a''M'' + \text{etc.} \quad (\text{z. B. } 4\,HCl + O_2),$$

so wird der Druck gleich $RT\Sigma a = nRT$, wo $n$ die Anzahl der in dem chemischen Ausdrucke auftretenden Moleküle bedeutet (in unserem besonderen Falle 5).

---

Wenn es sich um eine Lösung anstatt um ein Gas handelt, so kann man von denselben Vereinfachungen Nutzen ziehen, wenn man den osmotischen Druck eines Systems von gelösten Stoffen berechnet. Man wird nur für die molekulare Menge einen Werth $R$ haben, welcher im Allgemeinen je nach dem betrachteten Falle von dem Werthe $R$ für Gase verschieden ist, aber sich ihm jedenfalls, wie wir weiter sehen werden, nähert und ihm oft gleich ist. Hierfür werden wir uns auch in diesem Falle des Ausdruckes

$$PV = iRT$$

bedienen, wo $R$ die soeben eingeführte Grösse (845,05) und $i$ ein Werth ist, welcher wenig von der Einheit abweicht und von der Natur des betrachteten Falles abhängt.

[14] Es ist nun klar, dass der osmotische Druck eines Stoffes bei der Einheit der Concentration gleich $iRT$ wird und dass der Druck eines Systems von gelösten Stoffen, wie

es die oben angeführte chemische Formel darstellt, ausgedrückt wird durch $RT\Sigma ai$. Man sieht, dass dieser Ausdruck gleich demjenigen wird, den man für ein gasförmiges System erhält, wenn man $i = 1$ setzt. Es ist also vollständiger Parallelismus vorhanden.

## V. Gleichgewichtsgesetz bei constanter Temperatur im verdünnten Zustande:

$$\frac{C_{\prime\prime}^{\Sigma a_{\prime\prime} i_{\prime\prime}}}{C_{\prime}^{\Sigma a_{\prime} i_{\prime}}} = K.$$

Wie schon im Anfange betont worden ist, ist das Gesetz, welches im gasförmigen Zustande das Gleichgewicht bei constanter Temperatur beherrscht, bereits aufgestellt worden. Der Versuch, die Thermodynamik und die kinetische Theorie führen unabhängig von einander zu der Beziehung

$$\frac{C_{\prime\prime}^{n_{\prime\prime}}}{C_{\prime}^{n_{\prime}}} = K, \tag{1}$$

in welcher $C_{\prime\prime}$ und $C_{\prime}$ die Concentration der beiden Systeme, $n_{\prime\prime}$ und $n_{\prime}$ die Anzahl der Moleküle für die nicht condensirten[7]) Stoffe und $K$ eine Constante bedeuten. Dieses Gesetz lässt sich in gleicher Weise auf die heterogenen wie auf die homogenen Gleichgewichte anwenden.

Bezüglich des Gleichgewichtes in den verdünnten Lösungen liegt die Sache anders. Weder mit Hülfe der Thermodynamik, noch mit Hülfe der kinetischen Theorie sind bisher die Gesetze, welche das Gleichgewicht unter diesen Bedingungen beherrschen, abgeleitet worden. Einige Chemiker haben sich begnügt, auf die Lösungen dieselben Beziehungen anzuwenden, welche für die Gase in strenger Weise abgeleitet worden sind, und in mehreren Fällen sind auch die bei den wässerigen Lösungen erhaltenen Ergebnisse dieser Verallgemeinerung günstig, aber es giebt, wie wir in der Folge sehen werden, in dieser Beziehung auch ernste Einwände.

Die Betrachtungen über den Zustand in verdünnter Lösung, welche wir soeben dargelegt haben, gestatten uns nun, an das Problem des Gleichgewichtes unter diesen Umständen in seiner ganzen Ausdehnung heranzutreten und es mit Hülfe der Thermodynamik sowohl für die heterogenen wie für die homogenen Gleichgewichte in beliebigen verdünnten Lösungen aufzulösen. Wir werden uns zu diesem Zwecke der folgenden Ableitung bedienen, welche sich auf den verdünnten, also sowohl auf den gasförmigen wie auf den gelösten Zustand und ebenso auf die homogenen wie auf die heterogenen Gleichgewichte anwenden lässt.

Wir wollen annehmen, dass die beiden Systeme, welche im Gleichgewicht mit einander stehen, die Drucke von bezüglich $P_{\prime}$ und $P_{\prime\prime}$ kg pro Quadratmeter ausüben, wenn Einheit der Concentration vorhanden ist, d. h. wenn die durch die chemische Formel ausgedrückte Menge in Kilogrammen sich im Cubikmeter befindet. Wenn es sich um gasförmige Systeme handelt, so wird der Ausdruck Druck in seiner gewöhnlichen Bedeutung genommen; wenn es sich dagegen um den gelösten Zustand handelt, so wird damit der osmotische Druck gemeint.

[15] In zwei Gefässen $A$ und $B$ soll sich bei derselben Temperatur Gleichgewicht eingestellt haben, wobei die Concentrationen und Drucke der beiden Systeme seien:

| | Erstes System | Zweites System |
|---|---|---|
| $A$ | $C'_A$ und $P'_A$ | $C''_A$ und $P''_A$ |
| $B$ | $C'_B$ und $P'_B$ | $C''_B$ und $P''_B$ |

Man soll jetzt einen Kreis von umkehrbaren Aenderungen bei constanter Temperatur ausführen. Durch die linke Wand, welche nur für das erste System durchlässig sei, lässt man nach $A$ mit Hülfe eines Kolbens und Cylinders die molekulare Menge dieses Systems in Kilogrammen bei der Concentration $C'_A$ eintreten. Wenn es sich um gelöste Stoffe handelt, so ist der Cylinder in Wasser eingetaucht, für welches seine Wand als durchlässig angenommen wird. Sollte man den Einwand machen, dass es unmöglich ist, das Vorhandensein

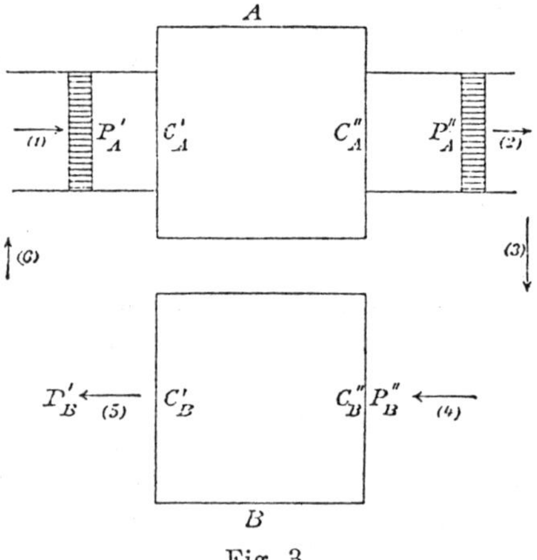


Fig. 3.

dieses Systems allein zu verwirklichen, weil sofort Umwandlung stattfinden würde, so kann man die verschiedenen Stoffe, aus denen sich das erste System zusammensetzt, getrennt und zu gleicher Zeit eintreten lassen. Der Eintritt des ersten Systems in $A$ wird dort eine Umwandlung hervorrufen unter Erzeugung des zweiten Systems. Nun wird vorausgesetzt, dass dieses System das Gefäss durch die rechte Wand verlässt, welche nur für das zweite System durchlässig sei. Diese Aenderung wird mit Hülfe eines zweiten Kolbencylinders umkehrbar gemacht. Das Spiel der beiden Cylinder wird so regulirt, dass es den Zustand in $A$ unverändert lässt, während man die molekulare Menge in Form des zweiten Systemes mit der Concentration $C''_A$ herausgehen lässt. Dieselbe Menge ist in Form des ersten Systems mit der Concentration $C'_A$ hineingebracht worden.

Nun ändert man immer auf umkehrbare Weise das Volumen der molekularen Menge des soeben erhaltenen Systemes soweit, dass seine ursprüngliche Concentration $C''_A$ sich ändert und gleich $C''_B$ wird. Ein Spiel von Kolbencylindern, wie wir es soeben ausgeführt haben, erzeugt alsdann den Eintritt der molekularen Menge des zweiten Systemes in Kilogrammen bei der Concentration $C''_B$ in das Gefäss $B$, aus welchem es in Form des ersten Systems mit der Concentration $C'_B$ herauskommt. Es bleibt nun nur noch übrig, den Anfangszustand durch eine Volumänderung wieder herzustellen, welche wieder auf die ursprünglich vorhandene Concentration $C'_A$ zurückführt. Da es sich hier um einen Kreis von umkehrbaren Aenderungen bei constanter Temperatur handelt, so fordern die Grundsätze der Thermodynamik, dass die Summe der äusseren Arbeiten gleich Null sei, was sich kurz folgendermaassen ausdrückt, wenn wir die Arbeiten[8]) in der angeführten Reihenfolge numeriren:

$$(1) + (2) + (3) + (4) + (5) + (6) = 0.$$

Wenn man nun beachtet, dass (1) und (5) entgegengesetzte Aenderungen desselben Systems in derselben Menge bei derselben Temperatur und bei constanter Concentration sind, so hat man:

$$(1) + (5) = 0.$$

Eine analoge Bemerkung führt auf:

[16] $$(2) + (4) = 0,$$

so dass man erhält:

$$(3) + (6) = 0,$$

was in Wirklichkeit nichts anderes ist, als das bekannte Gesetz des Gleichgewichtes. Die Arbeit, welche bei der umkehrbaren Aenderung bei der Temperatur $T$ von einer gewissen Menge eines gasförmigen oder gelösten Systemes geleistet wird, wenn seine Concentration von $C_1$ auf $C_2$ übergeht, wurde gefunden zu:

$$Pl\frac{C_1}{C_2},$$

wo $P$ der Druck ist, welchen die betrachtete Stoffmenge in einem Cubikmeter Volumen ausübt. Ist dieser Druck für die beiden Systeme bezüglich $P_{\prime}$ und $P_{\prime\prime}$, so hat man:

$$(3) = P_{\prime\prime} l \frac{C''_A}{C''_B} \quad \text{und} \quad (6) = P_{\prime} l \frac{C'_B}{C'_A}$$

und folglich:

$$P_{\prime\prime} l \frac{C''_A}{C''_B} + P_{\prime} l \frac{C'_B}{C'_A} = 0$$

oder

$$\left(\frac{C''_A}{C''_B}\right)^{P_{\prime\prime}} = \left(\frac{C'_A}{C'_B}\right)^{P_{\prime}}$$

oder

$$\frac{{C''_A}^{P_{\prime\prime}}}{{C'_A}^{P_{\prime}}} = \frac{{C''_B}^{P_{\prime\prime}}}{{C'_B}^{P_{\prime}}}.$$

Wenn man also in einem anderen Gefässe beliebige Concentrationen $C_{\prime\prime}$ und $C_{\prime}$ angewandt hätte, so würde man immer denselben Werth

$$\frac{C_{\prime\prime}^{P_{\prime\prime}}}{C_{\prime}^{P_{\prime}}},$$

haben, was sich ausdrücken lässt:

$$\frac{C_{\prime\prime}^{P_{\prime\prime}}}{C_{\prime}^{P_{\prime}}} = \text{Constans}.$$

Hier haben wir also das allgemeine Gesetz, welches in gleicher Weise auf das homogene Gleichgewicht verdünnter gasförmiger und gelöster Systeme anwendbar ist. Auch auf das heterogene Gleichgewicht lässt es sich anwenden, aber $P_{\prime\prime}$ und $P_{\prime}$ bedeuten dann den Druck, nicht der Systeme insgesammt, sondern der nicht condensirten Stoffe, aus denen sie sich zusammensetzen. Um dies zu beweisen, braucht man nur denselben Kreisprocess auszuführen und dafür Sorge zu tragen, vorher in die Cylinder (1) und (5) die condensirten Stoffe des ersten Systemes und in die Cylinder (2) und (4) die des zweiten Systemes hineinzubringen. Alsdann ist Sättigung oder Maximaltension dieser Stoffe in allen Theilen des Apparates vorhanden, und die Arbeit, welche sie in dem Kreisprocess leisten, wird Null.

---

Wir wollen jetzt für $P_{\prime\prime}$ und $P_{\prime}$ andere Werthe einsetzen und zu diesem Zwecke daran erinnern, dass es sich um den Druck handelt, welcher von den beiden Systemen bei der Einheit der Concentration ausgeübt wird, d. h. wohlverstanden bei der Einheit der Concentration der nicht condensirten Stoffe allein, aus welchen die Systeme bestehen. Diese Substitution wird einige Verschiedenheit zwischen den gasförmigen und den flüssigen Gleichgewichten einführen, und daher sollen die beiden Fälle getrennt behandelt werden:

Für das gasförmige Gleichgewicht sei z. B.:

$$2\,Cl_2 + 2\,H_2O \rightleftarrows 4\,ClH + O_2$$

oder im Allgemeinen:

$$a_{\prime}'M_{\prime}' + a_{\prime}''M_{\prime}'' + \text{etc.} \rightleftarrows a_{\prime\prime}'M_{\prime\prime}' + a_{\prime\prime}''M_{\prime\prime}'' + \text{etc.}$$

[17] Die Ausdrücke $P_{\prime}$ und $P_{\prime\prime}$ der beiden Systeme werden dann

$$P_{\prime} = RT\Sigma a_{\prime} = n_{\prime}RT \quad \text{und} \quad P_{\prime\prime} = RT\Sigma a_{\prime\prime} = n_{\prime\prime}RT,$$

wo $n_{\prime}$ und $n_{\prime\prime}$ die Anzahl der kg-Moleküle sind, aus denen sich die beiden Systeme zusammensetzen, also 4 und 5 in dem gewählten Beispiel. Durch Einsetzung dieser Werthe in den ursprünglichen Ausdruck

$$\frac{C_{\prime\prime}^{P_{\prime\prime}}}{C_{\prime}^{P_{\prime}}} = \text{Const.}$$

erhält man

$$\frac{C_{\prime\prime}^{n_{\prime\prime}RT}}{C_{\prime}^{n_{\prime}RT}} = \text{Const.},$$

daher

$$\frac{C_{\prime\prime}^{n_{\prime\prime}}}{C_{\prime}^{n_{\prime}}} = \sqrt[RT]{\text{Const.}} = K,$$

d. h. den bekannten Ausdruck.

Wenn es sich um Gleichgewichte gelöster Stoffe handelt, wie z. B.:

$$SO_4H_2 + 2NO_3K \rightleftarrows SO_4K_2 + 2NO_3H,$$

so sind die Werthe, welche man für $P_,$ und $P_{,,}$ einsetzen kann:

$$P_, = RT\Sigma a_, i_, \quad \text{und} \quad P_{,,} = RT\Sigma a_{,,} i_{,,} \, ,$$

wo $i$ den besprochenen Werth für einen jeden der Stoffe, $a$ die Zahl der Moleküle bezeichnet, mit welcher dieser Körper im Gleichgewichtssymbol auftritt. Man erhält so:

$$\frac{C_{,,}^{RT\Sigma a_{,,} i_{,,}}}{C_,^{RT\Sigma a_, i_,}} = \text{Const.}\,,$$

daher

$$\frac{C_{,,}^{\Sigma a_{,,} i_{,,}}}{C_,^{\Sigma a_, i_,}} = \sqrt[RT]{\text{Const.}} = K.$$

Wir wollen betonen, dass dieser letzte Ausdruck auch denjenigen mit einschliesst, welcher für den gasförmigen Zustand abgeleitet worden ist. Man hat nur bei der Anwendung auf diesen besonderen Fall $i = 1$ einzusetzen.

---

Während die besonderen Folgerungen und die experimentelle Prüfung im Cap. VIII gegeben werden sollen, wollen wir hier die allgemeinen Folgerungen der erhaltenen Beziehung ableiten, weil sie derartig sind, dass sie in der Folge ein gewisses Vertrauen zu ihrer Gültigkeit einflössen.

Hierzu nehmen wir die Beziehung in der folgenden ursprünglichen Form:

$$\frac{C_{,,}^{P_{,,}}}{C_,^{P_,}} = \text{Const.}\,,$$

wo $P_,$ und $P_{,,}$ die Drucke der beiden Systeme bei der Einheit der Concentration darstellen, indessen mit dem Vorbehalt, dass es sich dabei für den gelösten Zustand um den osmotischen Druck handelt. Zunächst ist die Reciprocität zu betonen zwischen dem Einfluss des Druckes auf die Gleichgewichtsverschiebung und dem Einfluss der Gleichgewichtsverschiebung auf den Druck.

Wenn die Gleichgewichtsverschiebung den Druck beeinflusst, so wird dieser letztere auch das Gleichgewicht beeinflussen. Dagegen wird der letztere Einfluss nicht vorhanden sein, wenn die erste Bedingung nicht erfüllt ist.

[18] Dies ergiebt sich sofort, wenn man den Fall betrachtet, wo die Aenderung des äusseren Druckes keinen Einfluss auf das Gleichgewicht hat. Dieser Fall zeigt sich, wenn $P_{\prime\prime} = P_{\prime}$, denn dann ist:

$$\frac{C_{\prime\prime}}{C_{\prime}} = \sqrt[P_{\prime}]{\text{Const.}} = \text{Const.}\,.$$

Gerade also durch diese Gleichheit von $P_{\prime\prime}$ und $P_{\prime}$ ist dann auch die Gleichgewichtsverschiebung ohne Einfluss auf den Druck.

Hier wollen wir bemerken, dass der äussere Druck, um den es sich handelt, derjenige ist, welcher im Falle der gasförmigen Stoffe dem Drucke in seiner gewöhnlichen Bedeutung das Gleichgewicht hält, und dass seine Vergrösserung folglich auf eine einfache Volumverminderung hinauskommt. Im Falle der gelösten Stoffe ist es der osmotische Druck, um welchen es sich handelt, und seine Vergrösserung kommt also auf diejenige Volumverminderung hinaus, wie sie aus der Entziehung des Lösungsmittels entsteht, und nicht aus der Zusammendrückung des letzteren. Diese Entziehung wird also dann das Gleichgewicht nicht beeinflussen, wenn der osmotische Druck der beiden Systeme derselbe ist. Es giebt dann also vollständige Uebereinstimmung mit dem allgemeinen Satze von Herrn *Le Chatelier* über das chemische Gleichgewicht*):

Das Gleichgewicht verschiebt sich durch eine Druckerhöhung nach der Seite des Systemes mit kleinerem Drucke.

Setzen wir nämlich $P_{\prime} > P_{\prime\prime}$ und schreiben wir die eben erhaltene Beziehung in folgender Form:

$$\left(\frac{C_{\prime\prime}}{C_{\prime}}\right)^{P_{\prime\prime}} = C_{\prime}^{\,P_{\prime}-P_{\prime\prime}}\,\text{Const.}\,,$$

so folgt dann also, dass bei Vergrösserung des Druckes und folglich auch der Concentration auch $\frac{C_{\prime\prime}}{C_{\prime}}$ wachsen wird, d. h. dass das zweite System mit dem kleineren Drucke $P_{\prime\prime}$ auf Kosten des ersten Systemes zunehmen wird.

*) Comptes rendus. XCIX, 786.

Hier ist noch eine dritte Bemerkung hinzuzufügen.

Wenn es sich um gelöste Stoffe handelt, so messen die Drucke $P_,$ und $P_{,,}$ nichts anderes, als die Anziehung, welche dieselbe Menge gelösten Stoffes in seinen beiden Formen, welche man erstes und zweites System nennt, auf das Lösungsmittel ausübt. Folglich besagt die erhaltene Beziehung, dass die durch Veränderung der Lösungsmittelmenge erhaltene Gleichgewichtsverschiebung im gelösten Zustande, wie zu erwarten war, von der Anziehung abhängt, welche der gelöste Stoff in seinen beiden Formen auf das Lösungsmittel ausübt, so dass die Hinzufügung des Lösungsmittels zu Gunsten desjenigen der beiden Systeme wirken wird, dessen Anziehung für dieses Lösungsmittel grösser ist.

Dies ergiebt sich aus dem soeben dargelegten Satze, dass die Druckverminderung das System mit grösserem Drucke vermehrt.

## VI. Gleichgewichtsgesetz bei veränderlicher Temperatur im verdünnten Zustande.

Es liegt eine grosse Einfachheit in dem Ausdrucke, welcher den Einfluss der Temperatur auf die heterogenen und homogenen Gleichgewichte im gasförmigen oder gelösten Zustande zusammenfasst. Drückt man nämlich das Gleichgewichtsgesetz bei constanter Temperatur in der folgenden Form:

[19] $$\frac{C_{,,}^{\Sigma a_{,,} i_{,,}}}{C_{,}^{\Sigma a_{,} i_{,}}} = K$$

aus, welche für den gasförmigen Zustand die bekannte einfache Form

$$\frac{C_{,,}^{n_{,,}}}{C_{,}^{n_{,}}} = K$$

annimmt, so verändert die Temperatur nur die Grösse $K$, und zwar unabhängig von der Natur des betrachteten Falles stets nach der folgenden Beziehung:

$$\frac{d\,lK}{d\,T} = \frac{q}{2\,T^2},$$

in welcher $q$ die Wärmemenge bedeutet, welche entwickelt wird, wenn sich bei constantem Volumen die molekulare

Menge des zweiten Systemes (in Kilogrammen) in das erste System umwandelt.

Diese Beziehung lässt sich auf folgende Weise ableiten, sowohl für den gasförmigen wie für den gelösten Zustand, für das heterogene und für das homogene Gleichgewicht.

Wir denken uns ein Gleichgewicht zwischen $(1 - x)$ Kilogrammmolekülen des ersten Systemes und $x$ Kilogrammmolekülen des zweiten Systemes, während das Volumen $V$ und die Temperatur $T$ ist. Nun führen wir einen Kreis von umkehrbaren Aenderungen in der auf Seite 9 [6] beschriebenen gewöhnlichen Weise aus und man erhält dann die Beziehung (5):

$$A\left(\frac{\delta P}{\delta T}\right)_V = \frac{1}{T}\left(\frac{\delta Q}{\delta V}\right)_T.$$

Es handelt sich nun darum, die Beziehung zwischen den durch $\left(\frac{\delta Q}{\delta V}\right)_T$ und $q$ repräsentirten Werthen aufzustellen. Die erste Grösse ist die Wärmemenge, welche aufgenommen wird, wenn bei der Temperatur $T$ das von dem Stoffe im Gleichgewichte eingenommene Volumen sich um die Einheit vergrössert, während $q$ die aufgenommene Wärmemenge bezeichnet, wenn die molekulare Menge des ersten Systemes sich bei der Temperatur $T$ und ohne äussere Arbeitsleistung in das zweite System umwandelt. Zieht man also von $\left(\frac{\delta Q}{\delta V}\right)_T$ die äussere Arbeit in Calorien, welche durch die erwähnte Volumvergrösserung geleistet worden ist, also die Grösse $AP$ (wo $P$ der Druck des gasförmigen Gemisches ist) ab, so erhält man den Werth $q$, welcher sich auf diejenige Menge des zweiten Systemes bezieht, welche während der ausgeführten Volumänderung gebildet worden ist, d. h. auf $\left(\frac{\delta x}{\delta V}\right)_T$ und folglich:

$$q\left(\frac{\delta x}{\delta V}\right)_T = \left(\frac{\delta Q}{\delta V}\right)_T - AP$$

$$= A\left[T\left(\frac{\delta P}{\delta T}\right)_V - P\right] = AT^2\left(\frac{\delta \frac{P}{T}}{\delta T}\right)_V.$$

Man führt jetzt die Beziehung zwischen dem Drucke, dem Volumen, der Temperatur, $x$ und der Anzahl der Moleküle $n$, und $n_{,,}$, welche für die Umwandlung des ersten Systemes in das zweite System nöthig sind, ein:

$$PV = RT[n_{,}(1-x) + n_{,,}x], \tag{1}$$

woraus sich ergiebt:

$$\frac{P}{T} = \frac{R}{V}[n_{,} + x(n_{,,} - n_{,})]$$

und

$$\left(\frac{\delta \frac{P}{T}}{\delta T}\right)_V = \frac{R}{V}(n_{,,} - n_{,})\left(\frac{\delta x}{\delta T}\right)_V,$$

was durch Einsetzen in die erste Beziehung auf die Gleichung führt:

$$q\left(\frac{\delta x}{\delta V}\right)_T = \frac{ART^2}{V}(n_{,,} - n_{,})\left(\frac{\delta x}{\delta T}\right)_V.$$

[20] Es bleibt nun noch mit Hülfe des Gleichgewichtsgesetzes bei constanter Temperatur die Grösse $x$ zu eliminiren:

$$\frac{C_{,,}^{n_{,,}}}{C_{,}^{n_{,}}} = K \quad \text{oder} \quad \frac{\left(\frac{x}{V}\right)^{n_{,,}}}{\left(\frac{1-x}{V}\right)^{n_{,}}} = K, \tag{2}$$

woraus man ableitet:

$$lK + (n_{,,} - n_{,})lV = n_{,,}lx - n_{,}l(1-x),$$

was ergiebt:

$$\left(\frac{\delta x}{\delta V}\right)_T = \frac{n_{,,} - n_{,}}{V\left(\frac{n_{,,}}{x} + \frac{n_{,}}{1-x}\right)}$$

und

$$\left(\frac{\delta x}{\delta T}\right)_V = \frac{\frac{dlK}{dT}}{\frac{n_{,,}}{x} + \frac{n_{,}}{1-x}};$$

durch Einsetzen dieser Werthe erhält man:

$$\frac{dlK}{dT} = \frac{q}{ART^2} = \frac{q}{2T^2} \quad \left(A = \frac{1}{423{,}55}, \; R = 845{,}05\right).$$

Dies bezieht sich auf die homogenen, gasförmigen Gleichgewichte. Wenn es sich um das heterogene Gleichgewicht handelt, wie z. B. um die theilweise Zersetzung des erhitzten Calciumcarbonates, so kann man bemerken, dass die Gleichungen (1) und (2) dieselben bleiben, nur mit dem Unterschiede, dass $n_{\prime\prime}$ und $n_{\prime}$ nur auf die gasförmigen Stoffe Bezug haben. Da nun in dem schliesslich erhaltenen Ausdruck die Grössen $n_{\prime\prime}$ und $n_{\prime}$ verschwinden, so wird derselbe durch diese Verschiedenheit in der Bedeutung von $n_{\prime\prime}$ und $n_{\prime}$ nicht verändert. Eine analoge Bemerkung kann für den Fall der Lösungen dienen, die Gleichungen (1) und (2) werden dann:

$$PV = RT[(1-x)\Sigma a_{\prime} i_{\prime} + x\Sigma a_{\prime\prime} i_{\prime\prime})$$

und

$$\frac{\left(\frac{x}{V}\right)^{\Sigma a_{\prime\prime} i_{\prime\prime}}}{\left(\frac{1-x}{V}\right)^{\Sigma a_{\prime} i_{\prime}}} = K.$$

In diesen Fällen also werden $n_{\prime}$ und $n_{\prime\prime}$ bezüglich durch $\Sigma a_{\prime} i_{\prime}$ und $\Sigma a_{\prime\prime} i_{\prime\prime}$ ersetzt. Es ist klar, dass dies ebenfalls nicht das Ergebniss beeinflusst, worin $n_{\prime}$ und $n_{\prime\prime}$ verschwunden sind.

## VII. Bestimmung von *i* für die im Wasser gelösten Stoffe. [9])

Jetzt, wo die Gesetze des Gleichgewichtes im verdünnten Zustande auf eine recht einfache Form:

$$\frac{C_{\prime\prime}^{\Sigma a_{\prime\prime} i_{\prime\prime}}}{C_{\prime}^{\Sigma a_{\prime} i_{\prime}}} = K \quad \text{und} \quad \frac{dlK}{dT} = \frac{q}{2T^2}$$

gebracht sind, erübrigt es noch, die Werthe der Grösse *i* zu bestimmen. Wir haben bemerkt, dass diese Grösse für die gasförmigen Stoffe gleich 1 ist. Das vorliegende Capitel wird der Bestimmung dieser Grösse für die wässrigen Lösungen gewidmet sein, und man wird zu diesem Zwecke vier verschiedene Methoden anwenden, deren Ergebnisse aufgezählt und deren gegenseitige Prüfung an einander im Folgenden gegeben werden soll:

Erste Methode: Bestimmung von *i* mit Hülfe des Löslichkeitsgesetzes der gasförmigen Stoffe.

Zweite Methode: Bestimmung von $i$ mit Hülfe der Dampfspannung.

Dritte Methode: Bestimmung von $i$ mit Hülfe des osmotischen Druckes.

Vierte Methode: Bestimmung von $i$ mit Hülfe der Gefrierpunkte.

[21] 1) Löslichkeit der gasförmigen Stoffe. Der Werth von $i$ ist gleich 1 für diejenigen gelösten Gase, welche dem Gesetze von *Henry* folgen.

Man weiss, dass bei den im Wasser löslichen Gasen, wie z. B. beim Sauerstoffe, eine gewisse Concentration $C'$ im gasförmigen Zustande einer gewissen Concentration $C''$ der wässrigen Lösung bei gegebener Temperatur entspricht. Nun ist nach der Thermodynamik diese Beziehung in enger Verbindung mit dem Werthe $i$ für den gelösten Sauerstoff.

Um dies zu zeigen, denken wir uns zwei cylindrische Gefässe $A$ und $B$, welche zum Theile mit Sauerstoff ($C'_A$ und $C'_B$) und zum Theile mit einer wässerigen Lösung dieses Stoffes angefüllt sind, deren bezügliche Concentrationen mit $C''_A$ und $C''_B$ in der Figur bezeichnet sind. Die Wände $bc$ sollen nur für den Sauerstoff durchlässig sein, die Wände $ab$ und $cd$ dagegen nur für das Wasser und nicht für den Sauerstoff.

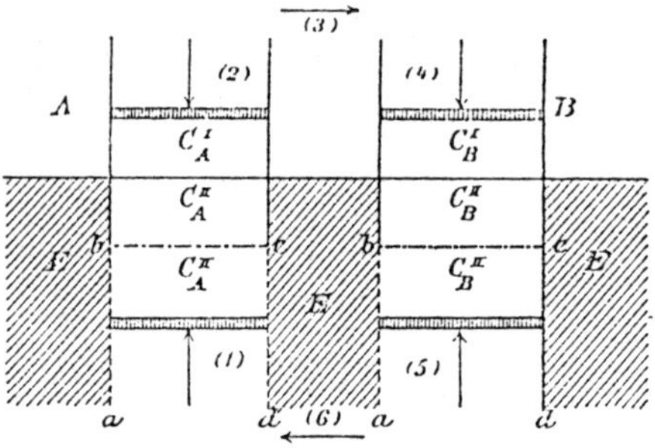


Fig. 4.

Die Gefässe sind in das Wasser ($E$) eingetaucht. Man führt jetzt bei constanter Temperatur $T$ den folgenden Kreis von umkehrbaren Aenderungen aus: Der Kolben (1), auf welchen der osmotische Druck des gelösten Sauerstoffes von der Concentration $C''_A$ wirkt, erhebt sich, das Wasser dringt durch die Wände $ab$ und $cd$, der Sauerstoff durchdringt $bc$, zu gleicher Zeit erhebt sich auch der Kolben (2) und die beiden gleichzeitigen Bewegungen vollziehen sich in der Weise, dass sie die Concentrationen $C''_A$ und $C'_A$ unverändert lassen, bis ein Molekül (32 kg) Sauerstoff verdrängt ist.

Alsdann bewirkt man mit dieser Menge die Volumänderung, welche nöthig ist (3), um darin die Concentration $C'_B$ herzustellen. Darauf lässt eine gleichzeitige Senkung der Kolben (4) und (5) den Sauerstoff bei der Concentration $C''_B$ in Lösung gehen und schliesslich erzeugt eine Volumänderung (6) in diesem wieder die anfängliche Concentration $C''_A$.

Aus denselben Ueberlegungen, wie man sie auf Seite 23 [15] findet*), ergiebt sich, dass die Summe der äusseren Arbeiten Null ist, und folglich

$$(3) + (6) = 0,$$

und nach Einsetzung der zugehörigen Werthe:

$$RTl\frac{C'_A}{C'_B} + iRTl\frac{C''_B}{C''_A} = 0.$$

kommt man nach Division mit $RT$ auf

$$\frac{C'}{C''^i} = \text{Const.},$$

d. h. bei gegebener Temperatur ist das Verhältniss zwischen der Concentration des Gases und der $i^{\text{ten}}$ Potenz der Concentration seiner wässerigen Lösung constant. Nun hat man aber für die Gase, welche bei ihrer Auflösung dem *Henry*'schen Gesetze folgen:

$$\frac{C'}{C''} = \text{Const.},$$

d. h. $i = 1$. Folglich ist der Werth $i$ gleich der Einheit für die Lösung derjenigen gasförmigen Stoffe, welche dem Gesetze von *Henry* gehorchen.[10])

[22] Bestimmung von $i$ mit Hülfe der Dampfspannung. Der Werth von $i$ ist gleich dem 5,6fachen Molekulargewichte ($m$) des Stoffes, multiplicirt mit dem Bruchtheile ($\varDelta$), um welchen seine Gegenwart im Mengenverhältniss 1 : 100 die Dampfspannung des Wassers vermindert: $i = 5{,}6\, m\varDelta$.

Die hier angegebene Beziehung ergiebt sich aus einem Kreise von umkehrbaren Aenderungen[11]) bei constanter Temperatur $T$, bei welchem man zuerst 18 kg Wasser aus einer

*) Die folgende Ueberlegung ist abgekürzt, weil man auf Seite 23 [15] eine vollständig analoge findet.

Lösung (1 : 100) in Form von Dampf entnimmt, und dann bis zur vollständigen Verdichtung bis zum flüssigen Zustande zusammendrückt, um das Wasser dann wieder durch eine halbdurchlässige Wand in die Lösung zurücktreten zu lassen. Die bei der Entziehung des Wassers verbrauchte Arbeit muss dann gleich derjenigen sein, welche durch seinen Wiedereintritt in die Lösung geleistet wird. Die Arbeit, um welche es sich zuerst handelt, wird:

$$RTl\,\frac{1}{1-\varDelta},$$

wobei $\frac{1}{1-\varDelta}$ das Verhältniss zwischen den Dampfdrucken des Wassers und der Lösung ist. Da nun der Werth von $\varDelta$ die Grösse 0,006 nicht überschreitet, so kann man für den vorstehenden Ausdruck den folgenden setzen:

$$RT\varDelta.$$

Die Arbeit, welche von dem Wiedereintritt des Wassers geleistet wird, ist gleich dem Produkte aus seinem Volumen in Cubikmetern und dem osmotischen Drucke $P$ in Kilogrammen pro Quadratmeter, also:

$$\frac{18}{1000\,s} \times P,$$

wo $s$ das specifische Gewicht des Wassers ist, während der Werth $P$ abhängt von der Beziehung:

$$P = \frac{iRT}{V},$$

wo $V$ das Volumen der Lösung in Cubikmetern bedeutet, welches die molekulare Menge ($m$) des gelösten Stoffes in Kilogrammen enthält. Wenn wir berücksichtigen, dass die fragliche Lösung 1 kg des gelösten Stoffes in 101 kg der Lösung enthält, also in einem Volumen von $\frac{0{,}101}{s}$ Cubikmetern, so wird bei Vernachlässigung des Unterschiedes der specifischen Gewichte des reinen Wassers und der Lösung das Volumen $V$ gleich $\frac{0{,}101}{s}\,m$, so dass die von dem Wiedereintritt des Wassers geleistete Arbeit wird:

$$\frac{18}{1000\,s} \times \frac{i R T s}{0{,}101\, m} = \frac{i R T}{5{,}6\, m}.$$

Folglich hat man die Beziehung:

$$\frac{i R T}{5{,}6\, m} = R T \Delta,$$

woraus sich ergiebt:

$$i = 5{,}6\, m \Delta.$$

[**23**] 3) Bestimmung von $i$ mit Hülfe des isotonischen Druckes. Der Werth von $i$ ist gleich dem halben isotonischen Coefficienten.

Da der Werth von $i$ dem Ausdrucke:

$$i = \frac{P V}{R T}$$

entspricht und da $R = 845$ gefunden worden ist, so hat man

$$i = \frac{P V}{845\, T},$$

wo $P$ den osmotischen Druck in Kilogrammen pro Quadratmeter und $V$ das Volumen in Cubikmetern bedeuten, in welchem sich die molekulare Menge in Kilogrammen befindet. Da nun der Rohrzucker einer der Stoffe ist, deren Druck am besten bekannt ist, so wird man für diesen den Werth von $i$ berechnen nach den Daten, welche Herr *Pfeffer* *) mit einer Lösung von einem Theile Zucker in 100 Theilen Wasser erhalten hat, was auf die Gleichung führt:

$$V = \frac{342 \times 101}{1000} = 34{,}54 \quad (342 = C_{12}H_{22}O_{11}).$$

Da Herr *Pfeffer* den Druck in Millimetern Quecksilber ($p$) und die Temperatur in Celsius-Graden ($t$) angiebt, so hat man:

$$P = \frac{p}{760}\, 10333 = 13{,}6\, p \quad \text{und} \quad T = t + 273,$$

und folglich:

$$i = \frac{34{,}54}{845\,(t + 273)}\, 13{,}6\, p = \frac{0{,}556\, p}{t + 273}.$$

So ist $i$ nach den folgenden Daten berechnet worden:

---

*) l. c. p. 85.

| $t$ | $p$ | $i = \frac{0{,}556\,p}{t + 273}$ |
|---|---|---|
| 6,8 | 505 | 1 — |
| 13,7 | 525 | 1,01 |
| 14,2 | 510 | 0,99 |
| 15,5 | 520 | 1 — |
| 22 | 548 | 1,03 |
| 32 | 544 | 0,99 |
| 36 | 567 | 1,02 |

Hieraus ergiebt sich, dass für den Rohrzucker der Werth von $i$ gleich 1 ist.

Dieses Resultat erlangt eine ausgedehnte Anwendung zwecks Vergleichung des osmotischen Druckes des Rohrzuckers mit dem anderer gelöster Stoffe auf physiologischem Wege. Wie bereits beschrieben, ist es Herrn *De Vries* gelungen, sogenannte isotonische Lösungen zu erhalten, d. h. solche Lösungen, welche einen gleichen osmotischen Druck zeigen. Die Beziehung, welche zwischen den Concentrationen dieser Flüssigkeiten besteht, ist durch den Verfasser in einer sehr einfachen Weise ausgedrückt worden, indem er das Verhältniss der osmotischen Drucke berechnete, welche sie in molekularen Concentrationen ausüben konnten, d. h. wenn sie in dem gleichen Volumen Mengen enthielten, welche den Molekulargewichten proportional waren. Dieser Druck wurde von [24] ihm für den Rohrzucker = 2 gesetzt und die so erhaltenen Werthe wurden die isotonischen Coefficienten genannt. Es ist daher klar, dass diese Coefficienten der Grösse proportional sind, welche wir mit $i$ bezeichnet haben, und da dieser letzte Werth für den Rohrzucker = 1 ist, so sieht man, dass $i$ gleich ist den halben isotonischen Coefficienten von *De Vries*, wie sie von diesem Forscher und von den Herren *Donders* und *Hamburger* bestimmt worden sind.

4) Bestimmung von $i$ mit Hülfe der Gefrierpunkte. Der Werth von $i$ ist gleich der molekularen Gefrierpunktserniedrigung dividirt durch 18,5.

Nach der Thermodynamik ist es nothwendig [12]), dass zwei Lösungen, welche denselben Gefrierpunkt zeigen, auch denselben osmotischen Druck ausüben. Die Nothwendigkeit hiervon wird durch folgenden Kreis von umkehrbaren Aenderungen bewiesen, welcher beim Gefrierpunkte mit Hülfe der beiden verschiedenen Lösungen ausgeführt wird: Man kann bei dieser Temperatur Wasser von der einen Lösung $A$ in die andere $B$ in Form von Eis auf umkehrbarem Wege überführen, indem man es aus der einen Lösung ausfrieren und in der anderen schmelzen lässt.

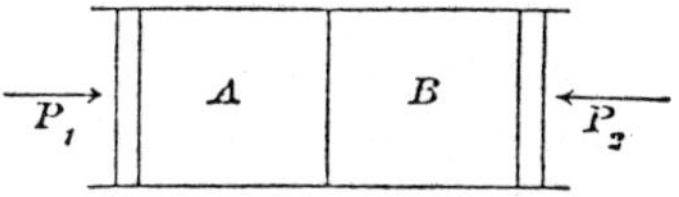


Fig. 5.

Hierauf lässt sich die Ueberführung desselben im entgegengesetzten Sinne mit Hülfe einer halbdurchlässigen Wand ausführen. Da nun bei der ersten Zustandsänderung keine Arbeit geleistet wird, so ist das auch nicht bei der zweiten der Fall, was nur dann sein kann, wenn die osmotischen Drucke $P_1$ und $P_2$ gleich sind, da die Arbeit, um welche es sich handelt, zu:

$$V(P_1 - P_2)$$

wird, wobei $V$ das Volumen des verdrängten Wassers ist. Diese Bemerkung kann dazu dienen, die Werthe von $i$ für die verschiedensten wässerigen Lösungen aus ihren von *Rüdorff*, *De Coppet* und *Raoult* bestimmten Gefrierpunkten zu berechnen. Da zu diesem Zwecke die Untersuchungen des letztgenannten Verfassers*) angewandt worden sind, so handelt es sich darum, die Form kennen zu lernen, in welcher er seine Resultate ausgedrückt hat, indem er die sogenannte molekulare Gefrierpunktserniedrigung einführte. Diese Grösse erhält man nämlich durch Multiplication des Gefrierpunktes in Lösungen 1 : 100 mit dem Molekulargewicht des betreffenden Stoffes. Unter Annahme der Proportionalität zwischen der Gefrierpunktserniedrigung und der Concentration folgt aus dem Vorangehenden, dass die molekulare Gefrierpunktserniedrigung in directem Verhältniss steht zum osmotischen Drucke der Lösungen, welche in dem gleichen Volumen die molekulare Menge enthalten, und folglich auch in directem Verhältnisse zum Werthe von $i$.

Man braucht nur hinzuzufügen, dass der Werth von $i$ für den Rohrzucker, dessen Molekularerniedrigung auf 18,5 kommt, gleich 1 gefunden worden ist, um den Satz zu bestätigen, dass die genannte Erniedrigung dividirt durch 18,5 den Werth von $i$ ergiebt.

---

*) Ann. de Chim. et de Phys. (5) XXVIII. (6) II, IV.

Gegenseitige Prüfung der angewandten Methoden.

Nach dem Vorstehenden giebt es vier Methoden, um den Werth *i* [25] zu erhalten, und wir beginnen damit, als Prüfung diejenigen Fälle aufzuführen, in welchen *i* für ein und denselben Stoff mit Hülfe zweier verschiedener Versuchsdaten bestimmt werden kann. Da die Bestimmung des Gefrierpunktes für eine grosse Anzahl von Stoffen mit grosser Genauigkeit ausgeführt worden ist, so sollen uns die Werthe von *i*, welche auf diesem Wege abgeleitet worden sind, zum Vergleiche mit den nach den drei anderen Methoden nacheinander erhaltenen Werthen dienen.

1) Werthe von *i* für die Stoffe, welche dem Gesetze von *Henry* folgen.

Wie schon bewiesen worden ist, ist für die Gase, welche dem Gesetze von *Henry* folgen, der Werth $i = 1$. Nun hat in der That Herr *Raoult* für solche Stoffe eine molekulare Erniedrigung von nahezu 18,5 gefunden, d. h. also einen Werth von *i*, welcher nahezu gleich 1 ist:

| Stoffe | *i* aus dem Gesetze von *Henry* | *i* aus der molekularen Gefrierpunktserniedrigung |
|---|---|---|
| $H_2S$ . . . . | 1 ungefähr | 1,04 |
| $H_3N$ . . . . | 1 - | 1,03 |
| $SO_2$ . . . . | 1 - | 1,03 |

Es sei bemerkt, dass für die Stoffe, welche dem Gesetze von *Henry* gar nicht gehorchen, wie z. B. HCl und HBr, auch der Gefrierpunkt einen von 1 recht verschiedenen Werth für *i* angiebt, nämlich 1,98 und 2,03 in den beiden genannten Fällen.

2) Werthe von *i* aus der Dampfdruckverminderung und aus der molekularen Gefrierpunktserniedrigung.

Die folgende Tabelle giebt die Werthe von *i*, welche mit Hülfe der Dampfdruckverminderung ($\varDelta$) der Lösung 1 : 100 des Stoffes mit dem Molekulargewichte *m* nach der Beziehung $i = 5{,}6\ m\varDelta$ erhalten worden sind. Daneben wurden die Werthe von *i* aus der molekularen Gefrierpunktserniedrigung eingereiht. Die Versuchsdaten sind von *Raoult* erhalten worden*) mit Ausnahme derjenigen, bei denen eine andere Angabe gemacht ist:

| Stoffe | $\Delta$ | $i = 5{,}6\, m\Delta$ | $i$ aus der molekularen Gefrierpunktserniedrigung |
|---|---|---|---|
| ClNa . | 0,00604 | 1,98 | 1,89 |
| ClK . . | 0,0045 | 1,88 | 1,82 |
| $ClNH_4$ | 0,00565 | 1,7 | 1,88 |
| BrK . . | 0,0031 | 2,07 | 1,9 |
| JK . . | 0,00225 | 2,09 | 1,9 |
| $HgCl_2$ . | 0,00087 | 1,22 | 1,11 |
| $HgCy_2$ . | 0,00058 | 0,87 | 0,95 |
| $NO_3Na$ | 0,0038 | 1,81 | 1,82 |
| $NO_3K$ . | 0,0028 | 1,59 | 1,66 |
| $NO_3NH_4$ | 0,00361 | 1,63 | 1,73 |
| $NO_3Ag$ | 0,0016 | 1,54 | 1,6 |
| $(NO_3)_2Ba$ | 0,00137 | 2,01 | 2,19 |
| $(NO_3)_2Pb$ | 0,0011 | 2,05 | 2,02 |
| $ClO_3K$ . | 0,0024 | 1,65 | 1,78 |
| $SO_4Na_2$ | 0,00236**) | 1,88 | 1,91 |
| $SO_4K_2$ | 0,00201 | 1,97 | 2,11 |
| [26] $SO_4Zn$ . | 0,00125***) | 1,12 | 0,98 |
| $SO_4Cu$ . | 0,00114***) | 1,02 | 0,98 |
| $CrO_4K_2$ | 0,00213 | 2,33 | 2,1 |

3) Werthe von $i$ aus den isotonischen Coefficienten und aus der molekularen Gefrierpunktserniedrigung.

Die folgende Tabelle enthält beide Werthe; die isotonischen Coefficienten sind von Herrn *De Vries* bestimmt worden, falls keine andere Angabe gemacht ist.

---

*) C. r. 87, 167.

**) *Wüllner*, J. B. 1858. 46.

***) *Helmholtz* und *Moser*, Berlin. Akad. Ber. 1878, 1868; 1877, 674 und 713.

| Stoffe | *i* aus den isotonischen Coefficienten. | *i* aus der molekularen Gefrierpunktserniedrigung. |
|---|---|---|
| Rohrzucker | 1 | 1 |
| Invertzucker | 1 | 1,04 |
| Aepfelsäure | 1,05 | 1 |
| Weinsäure | 1,07 | 1,05 |
| Citronensäure | 1,07 | 1,04 |
| $ClNa$ | 1,6 und 1,76 *) | 1,89 |
| $ClK$ | 1,6 | 1,82 |
| $ClNH_4$ | 1,6 | 1,88 |
| $BrK$ | 1,77 *) | 1,9 |
| $JK$ | 1,76 *) | 1,9 |
| $NO_3Na$ | 1,6 | 1,82 |
| $NO_3K$ | 1,76 *) | 1,66 |
| $C_2H_3O_2K$ | 1,6 und 1,66 *) | 1,86 |
| Citrat $C_6H_7KO_7$ | 1,6 | 1,45 ($C_6H_7NaO_7$) |
| - $C_6H_6K_2O_7$ | 2,17 | 2,06 ($C_6H_6Na_2O_7$) |
| - $C_6H_5K_3O_7$ | 2,66 | 2,6 ($C_6H_5Na_3O_7$) |
| $C_2O_4K_2$ | 2,09 und 2,36 *) | 2,43 |
| $SO_4K_2$ | 2,08 und 2,73 *) | 2,11 |
| $PO_4K_2H$ | 2,1 | 2 ($PO_4Na_2H$) |
| Tartrat $C_4H_4K_2O_6$ | 2,11 | 1,96 |
| Malat $C_4H_4MgO_5$ | 1 | 1,04 |
| $MgSO_4$ | 1,04 | 1,04 |
| $MgCl_2$ | 2,3 und 2,24 *) | 2,64 |
| $CuCl_2$ | 2,3 | 2,52 |
| $BaCl_2$ | 2,34 *) | 2,62 |

Es giebt also im Allgemeinen Uebereinstimmung zwischen den auf verschiedenen Wegen gefundenen Werthen von *i*, und die Abweichungen scheinen innerhalb der möglichen Versuchsfehler zu fallen. Zum Zwecke der Anwendung scheinen mir die mit Hülfe des Gefrierpunktes erhaltenen Werthe von *i* den ersten Platz zu verdienen, denn einerseits bietet diese Methode eine grosse Genauigkeit und andererseits ist sie auf eine grosse Anzahl von Verbindungen angewandt worden. So weit die Werthe von *i* uns noch weiter dienen sollen, wollen wir sie in die folgende Tabelle einreihen.

*) *Donders* und *Hamburger*, l. c.

[27] Werthe von $i$ für die wässrigen Lösungen.

Säuren:

| | |
|---|---|
| $CO_2$ | 1 |
| $SH_2$ | 1,04 |
| $NO_3H$ | 1,94 |
| $SO_4H_2$ | 2,06 |
| $ClH$ | 1,98 |
| $C_2O_4H_2$ | 1,25 |
| $BO_3H_3$ | 1,11 |
| $C_6H_5CO_2H$ | 0,93 |

Basen:

| | |
|---|---|
| $BaO_2H_2$ | 2,69 |
| $CaO_2H_2$ | 2,59 |
| $C_6H_5NH_2$ | 0,83 |

Chloride:

| | |
|---|---|
| $CaCl_2$ | 2,52 |
| $HgCl_2$ | 1.11 |
| $ZnCl_2$ | 2,53 |

Nitrate:

| | |
|---|---|
| $NO_3Na$ | 1,82 |
| $BaN_2O_6$ | 2,19 |
| $CaN_2O_6$ | 2,02 |

Carbonate:

| | |
|---|---|
| $CO_3K_2$ | 2,26 |
| $CO_3Na_2$ | 2,18 |
| $Ba(CHO_3)_2$ | 2,66 |
| $Ca(CHO_3)_2$ | 2,56 |
| $Mg(CHO_3)_2$ | 2,64 |

Sulfate:

| | |
|---|---|
| $SO_4K_2$ | 2,11 |
| $SO_4Na_2$ | 1,91 |
| $ZnSO_4$ | 0,98 |
| $K_2Al_2(SO_4)_4$ | 4,45 |
| $CaSO_4$ | 1,04 |
| $HgSO_4$ | 0,98 |
| $SO_4NaH$ | 1,88 |

Organische Stoffe:

| | |
|---|---|
| $C_6H_{14}O_6$ | 0,97 |
| $C_2O_4KH$ | 1,84 |
| $C_6H_5OH$ | 0,84 |
| $C_5H_{11}OH$ | 0,93 |

Verschiedene Stoffe:

| | |
|---|---|
| $Cr_2O_7K_2$ | 2,36 |
| $ClO_3K$ | 1,78 |
| $B_4O_7Na_2$ | 3,57 |

Es sei hier betont, dass einige dieser Werthe in der Tabelle aus der Analogie bestimmt sind und dass es nöthig ist, die in diesen Fällen benutzten Ueberlegungen, welche auch mit Erfolg von Herrn *De Vries* bei Berechnung der isotonischen Coefficienten und von Herrn *Raoult* bei der der molekularen Gefrierpunktserniedrigungen angewandt worden sind, anzugeben. Ich lasse hier diese Werthe zugleich mit den zu ihrer Bestimmung benutzten folgen:

$Ba(CHO_3)_2$ wurde angenommen zu 2,66, weil $Ba(CHO_2)_2 = 2,65$ und $Ba(C_2H_3O_2)_2 = 2,66$;

$Mg(CHO_3)_2$ wurde angenommen zu 2,64, weil $Mg(C_2H_3O_2)_2 = 2,64$;

$Ca(CHO_3)_2$ wurde angenommen zu 2,56, weil $Ba(CHO_3)_2$ = 2,66 ist und weil zwischen Ca und Ba ein Unterschied von 0,1 im Chlorür und im Oxyd ist.

$C_2H_4(CO_2H)_2$ wurde gleich 1 gesetzt, nämlich gleich dem Werthe der Aepfelsäure;

$C_5H_{12}O$ wurde gleich 0,93 gesetzt wie bei der Salicylsäure einerseits und dem Methyl-, Aethyl- und Butylalkohol andererseits;

$CaSO_4$ wurde angenommen zu 1,04 wie bei $MgSO_4$,

$HgSO_4$ wurde angenommen zu 0,98 wie bei $ZnSO_4$ und $CuSO_4$.

## [28] VIII. Anwendungen. Wässrige Lösungen.

### A. Chemisches Gleichgewicht bei constanter Temperatur.

Die Beziehung:

$$\frac{C_{\prime\prime}^{\Sigma a_{\prime\prime} i_{\prime\prime}}}{C_{\prime}^{\Sigma a_{\prime} i_{\prime}}} = K, \qquad (1)$$

welcher Ausdruck für die Gleichgewichtsgesetze bei constanter Temperatur erhalten worden ist, kann jetzt angewandt werden, wo man für die Mehrzahl der Stoffe die erforderlichen Werthe von $i$ kennt. Um aber dieser Anwendung ihren ganzen Umfang zu geben, ist es nöthig, einige Fälle zu betrachten, welche die erwähnte Beziehung nicht mit einschliesst und welche dennoch sich häufig genug zeigen. Diese Beziehung nämlich lässt sich nur auf die Fälle anwenden, wo das Verhältniss der verschiedenen Stoffe, welche die beiden Systeme zusammensetzen, auch gleichzeitig dasjenige ist, in welchem diese Stoffe sich umwandeln, mit einem Worte, wo kein Ueberschuss eines der Bestandtheile vorhanden ist. Es handelt sich also darum, auch diese Fälle zu betrachten, wo die Bestandtheile in beliebigen Mengen zugegen sind. Zu diesem Zwecke denken wir uns ein Gleichgewicht zwischen nur vier Körpern, um eine überflüssige Verwicklung zu vermeiden, und drücken dieses Gleichgewicht durch das folgende Symbol aus:

$$a_1 M_1 + a_2 M_2 \rightleftarrows a_3 M_3 + a_4 M_4 .$$

Wir setzen die bezüglichen Concentrationen der vier Stoffe, wenn sich Gleichgewicht eingestellt hat, gleich $C_1$, $C_2$, $C_3$ und

$C_4$, welche die molekularen Mengen (welche in der Reactionsgleichung auftreten) in Kilogrammen pro Cubikmeter bezeichnen. Wenn man jetzt in völlig analoger Weise den Kreis von umkehrbaren Aenderungen bei constanter Temperatur, welcher zur Beziehung (1) geleitet hat, ausführt, so erhält man folgende Gleichung:

$$\frac{C_3^{a_3 i_3} C_4^{a_4 i_4}}{C_1^{a_1 i_1} C_2^{a_2 i_2}} = K,$$

eine Beziehung, welche in der That auf die zuerst aufgestellte hinauskommt, wenn man die nachherige Annahme einführt:

$$C_1 = C_2 = C_{\prime}, \quad C_3 = C_4 = C_{\prime\prime}.$$

---

Bei Anwendung der obigen Beziehung scheint es mir unerlässlich, anzugeben, in welcher Beziehung sie sich von der Gleichung der Herren *Guldberg* und *Waage* [13]) unterscheidet. Diese Forscher nehmen bei der jüngsten Darlegung*) ihrer Theorie die bekannte Gleichung:

$$\frac{C_{\prime\prime}^{n_{\prime\prime}}}{C_{\prime}^{n_{\prime}}} = K$$

an, wenn die Stoffe im normalen Verhältniss vorhanden sind, eine Gleichung, welche in die folgende übergeht:

$$\frac{C_3^{a_3} C_4^{a_4}}{C_1^{a_1} C_2^{a_2}} = K,$$

wenn die Stoffe in beliebigen Mengen vorhanden sind. [29] Dies bedeutet, dass jede Concentration mit einem Exponenten versehen ist, der durch die Anzahl der Moleküle, mit welchen dieser Stoff an der Umwandlung theilnimmt, bestimmt ist, eine Anzahl, welche häufig gleich 1 ist, was zu folgender einfacher Form führt:

$$\frac{C_3 C_4}{C_1 C_2} = K.$$

Da ich in diesem Falle die folgende Beziehung erhalte:

$$\frac{C_3^{i_3} C_4^{i_4}}{C_1^{i_1} C_2^{i_2}} = K$$

---

*) Journal für prakt. Chemie. (2) XIX, 69.

so besteht der einzige Unterschied[14] in diesen beiden Betrachtungsweisen also darin, dass die Herren *Guldberg* und *Waage* die Beziehung zwischen den Concentrationen (activen Massen) als solchen annehmen, während die hier vorgeschlagene Theorie dafür diese Concentration in gewissen, für einen jeden Stoff bestimmten Potenzen einsetzt und die einfache Beziehung nur bei den Gleichgewichten der gasförmigen Stoffe annimmt. Es sei hinzugefügt, dass sich die einfache Form den genannten Chemikern nicht von vornherein ergeben hat und dass auch sie den durch die specifische Natur des vorliegenden Stoffes bestimmten Exponenten*) angenommen haben. Nur zu Gunsten der Versuche, welche sie ausgeführt haben, ist die Vereinfachung eingeführt worden**).

Neuerdings ist nun die ursprüngliche Annahme der Herren *Guldberg* und *Waage* von Herrn *Lemoine****) vertheidigt worden, welcher sich auch auf Versuche stützte, welche von Herrn *Schloesing*†) über die Löslichkeit des kohlensauren Kalks in mit Kohlensäure bei verschiedenen Drucken gesättigtem Wasser ausgeführt worden sind. In der That lässt sich das dann sich einstellende Gleichgewicht zwischen dem Bicarbonat, dem Carbonat und der Kohlensäure nicht mit Hülfe der soeben erwähnten einfachen Exponenten ausdrücken.

Angesichts dieser beiden entgegengesetzten Meinungen scheint mir die in diesen Zeilen dargelegte Theorie zunächst den Vortheil zu bieten, auf einer so sicheren Grundlage zu beruhen, wie sie die Grundsätze der Thermodynamik bieten. Sodann wird man aus dieser Theorie für die von den Herren *Guldberg* und *Waage* untersuchten Fälle auch den von diesen Forschern vertheidigten vereinfachten Ausdruck hervorgehen sehen, diese Vereinfachung stellt sich hier nämlich nur zufällig heraus. Andererseits wird man bei dem Phänomen von Herrn *Schloesing*, welches Herrn *Lemoine* veranlasst hat, von den einfachen Ausdrücken abzuweichen, sehen, dass diese Vereinfachung sich hier in der That nicht bietet, ja noch mehr, die Beziehung, durch welche Herr *Schloesing* seine Beobachtungen ausdrückt, geht vollständig aus der hier gegebenen Theorie hervor.

---

*) Christiania Videnskabsselsskabs Forhandlingar. 1864.
**) Études sur les affinités chimiques. 1867.
***) Études sur les équilibres chimiques. p. 266.
†) Comptes rendus. LXXIV, 1552; LXXV, 70.

Wir beginnen mit den Versuchen der Herren *Guldberg* und *Waage*.

Diese Forscher haben zunächst ihre Aufmerksamkeit dem Gleichgewicht zugewandt, welches sich durch das folgende Symbol*) ausdrückt:

$$CO_3Ba + SO_4K_2 \rightleftarrows SO_4Ba + CO_3K_2,$$

und wenn man die Concentrationen von $CO_3K_2$ und $SO_4K_2$ mit $C_{CO_3K_2}$ und $C_{SO_4K_2}$ bezeichnet, so nehmen sie die folgende [15]) Beziehung an:

[30] $$\frac{C_{CO_3K_2}}{C_{SO_4K_2}} = \text{Const.}$$

Nun giebt in diesem Falle unsere Theorie in der That eine sehr analoge Beziehung: ($i_{SO_4K_2} = 2{,}11$ und $i_{CO_3K_2} = 2{,}26$):

$$\frac{C_{CO_3K_2}{}^{2,26}}{C_{SO_4K_2}{}^{2,11}} = K, \text{ hieraus } \frac{C_{CO_3K_2}{}^{1,07}}{C_{SO_4K_2}} = \text{Const.},$$

folglich also ist in dem Ergebniss nahezu Identität vorhanden.

Will man den Vergleich noch weiter treiben und die Constanten nach den beiden Beziehungen berechnen, so scheint es sogar, dass die letztere besser mit den Versuchsdaten übereinstimmt. Die Herren *Guldberg* und *Waage* haben folgende Mengen zusammengebracht:

$$BaSO_4 + QCO_3K_2 + Q_1SO_4K_2 + 500H_2O$$

und finden im Endzustande:

$$(1-x)BaSO_4 + (Q-x)CO_3K_2 + (Q_1+x)SO_4K_2$$
$$+ xBaCO_3 + 500H_2O$$

und folglich werden die beiden Beziehungen zu:

$$\frac{Q-x}{Q_1+x} = \text{Const.} \quad \text{und} \quad \frac{(Q-x)^{1,07}}{Q_1+x} = \text{Const}$$

Hier das Ergebniss:

---

*) Études sur les affinités chimiques. 1867.

| $Q$ | $Q_1$ | $x$ | $\frac{Q-x}{Q_1+x}$ | $\frac{(Q-x)^{1,07}}{Q_1+x}$ |
|---|---|---|---|---|
| 3,5 | 0 | 0,719 | 3,87 | 4,16 |
| 2,5 | 0 | 0,5 | 4 | 4,2 |
| 2 | 0 | 0,395 | 4,07 | 4,2 |
| 1 | 0 | 0,176 | 4,68 | 4,62 |
| 2 | 0,25 | 0,2 | 4 | 4,17 |
| 2,5 | 0,25 | 0,3 | 4 | 4,23 |
| 3 | 0,25 | 0,408 | 3,94 | 4,21 |
| 3,8 | 0,25 | 0,593 | 3,8 | 4,13 |
| 2 | 0,5 | 0 | 4 | 4,2 |

Analoge Versuche sind darauf mit den Natronsalzen ausgeführt worden über das Gleichgewicht:

$$CO_3Ba + SO_4Na_2 \rightleftarrows SO_4Ba + CO_3Na_2 .$$

Sie haben zu der folgenden Beziehung geführt:

$$\frac{C_{CO_3Na_2}}{C_{SO_4Na_2}} = \text{Const.}$$

Nun führt auch hier unsere Theorie auf einen wenig verschiedenen Ausdruck: ($i_{CO_3Na_2} = 2{,}18$ und $i_{SO_4Na_2} = 1{,}91$):

$$\frac{C_{CO_3Na_2}^{2,18}}{C_{SO_4Na_2}^{1,91}} = K, \text{ hieraus } \frac{C_{CO_3Na_2}^{1,14}}{C_{SO_4Na_2}} = \text{Const.}$$

[31] Wie soeben erwähnt worden ist, führten die Versuche von Herrn *Schloesing* auf eine viel weniger einfache Beziehung. Nach diesem Forscher hängt die Löslichkeit des Baryumcarbonates und des Calciumcarbonates in Wasser, welches mit Kohlensäure bei verschiedenen Drucken gesättigt ist, von diesem Drucke ($x$) ab nach folgender Beziehung:

$$x^{0,38045} = k\gamma \text{ für das Baryumcarbonat}$$

$$x^{0,37866} = k\gamma \text{ - - Calciumcarbonat,}$$

wo $\gamma$ die Menge des in einem bestimmten Volumen Wasser gelösten Carbonates und $k$ eine Constante bedeuten.

Nun ergiebt sich dieselbe Beziehung auch aus unserer Theorie, wenn man die allgemeine Ansicht annimmt, dass die Carbonate sich unter den erwähnten Umständen in Form von Bicarbonaten auflösen, und dass es sich folglich um das Gleichgewicht handelt, welches für den Baryt durch das folgende Symbol[16]) ausgedrückt wird:

$$CO_3Ba + CO_2 + H_2O \rightleftarrows (CO_3H)_2Ba,$$

woraus sich die folgende Beziehung ergiebt ($i_{CO_2} = 1$ und $i_{(CO_3H)_2Ba} = 2{,}66$):

$$\frac{C_{(CO_3H)_2Ba}^{2{,}66}}{C_{(CO_2)}} = K \text{ hieraus } \frac{C_{(CO_3H)_2Ba}}{C_{(CO_2)}^{0{,}376}} = \text{Const.},$$

und folglich, da $C_{(CO_2)}$ dem Drucke ($x$) der Kohlensäure direct proportional ist, erhalten wir nach Einsetzen von $\gamma$ für $C_{(CO_3H)_2Ba}$:

$$x^{0{,}376} = k\gamma,$$

ein Ergebniss, welches mit der Beziehung von Herrn *Schloesing* eine überraschende Uebereinstimmung zeigt.

Für das Calciumcarbonat erhält man auf dieselbe Weise ($i_{(CO_3H)_2Ca} = 2{,}56$):

$$x^{0{,}39} = k\gamma,$$

was ebenfalls der aus dem Versuche abgeleiteten Beziehung genügend nahe kommt.

Wir sehen, dass dagegen die Gleichung von *Guldberg* und *Waage* in den beiden Fällen zu dem Ausdrucke

$$x = k\gamma$$

führt.

---

Nachdem wir die Theorie mit den beiden extremsten Fällen verglichen haben, bleiben uns jetzt die anderen Untersuchungen zu betrachten, welche zur Aufstellung der Gesetze des chemischen Gleichgewichtes in den wässerigen Lösungen gedient haben.

Es giebt zunächst die thermischen Untersuchungen von Herrn *Thomson**) über das Gleichgewicht, welches sich einstellt, wenn man Schwefelsäure zu der verdünnten Lösung von Natriumnitrat hinzufügt.[17] Der Verfasser sieht hierin eine Bestätigung der Theorie der Herren *Guldberg* und *Waage*. Nun ist dies aber einer der Fälle, wo diese Theorie mit den Folgerungen aus dem Obenstehenden zusammenfällt. Gesetzt, das Gleichgewicht, um welches es sich handelt, sei ausgedrückt durch das Symbol:

$$Na_2SO_4 + HNO_3 \rightleftarrows NaHSO_4 + NaNO_3,$$

---

*) Thermochemische Untersuchungen I.

[32] Die Herren *Guldberg* und *Waage* nehmen an:

$$\frac{C_{NaHSO_4}\, C_{NaNO_3}}{C_{Na_2SO_4}\, C_{HNO_3}} = \text{Const.}$$

Nach meiner Theorie nun aber erhält man: ($i_{NaHSO_4} = 1{,}88$; $i_{NaNO_3} = 1{,}82$; $i_{Na_2SO_4} = 1{,}91$; $i_{HNO_3} = 1{,}94$):

$$\frac{C_{NaHSO_4}^{\;1,88}\, C_{NaNO_3}^{\;1,82}}{C_{Na_2SO_4}^{\;1,91}\, C_{HNO_3}^{\;1,94}} = K,$$

hieraus

$$\frac{C_{NaHSO_4}^{\;1,03}\, C_{NaNO_3}}{C_{Na_2SO_4}^{\;1,05}\, C_{HNO_3}^{\;1,06}} = \text{Const.},$$

was sich nur wenig von der vorangehenden Beziehung entfernt.

Wenn man annimmt, dass das Gleichgewicht dem folgenden Symbole entspricht:

$$Na_2SO_4 + 2HNO_3 \rightleftarrows H_2SO_4 + 2NaNO_3,$$

so ist dieselbe Annäherung zwischen den beiden Theorien vorhanden, welche ($i_{H_2SO_4} = 2{,}06$) auf:

$$\frac{C_{H_2SO_4}\, C_{NaNO_3}^{\;2}}{C_{Na_2SO_4}\, C_{HNO_3}^{\;2}} = \text{Const.}$$

und

$$\frac{C_{H_2SO_4}^{\;1,07}\, C_{NaNO_3}^{\;1,91}}{C_{Na_2SO_4}\, C_{HNO_3}^{\;2,03}} = \text{Const.}$$

führen.

Sodann sind die Untersuchungen von Herrn *Ostwald**) zu erwähnen über das Gleichgewicht, welches sich beim Zusatze von Salzsäure oder Schwefelsäure zum Schwefelzink einstellt, und welches sich im ersten Falle durch die Formel

$$ZnS + 2HCl \rightleftarrows H_2S + ZnCl_2$$

ausdrückt.[18]

Dieser Forscher bestimmte den gebildeten Schwefelwasserstoff und folglich auch die umgewandelte Salzsäure, welche er mit $x$ bezeichnete, indem er die ursprünglich hinzugefügte Menge als Einheit annahm.

---

*) Journal für prakt. Chemie. (2) XIX. 480.

Diese Versuche wurden mit Flüssigkeiten ausgeführt, welche 36,36 g Salzsäure in $V$ Litern enthielten, und ergaben die folgenden Resultate:

| Volumen ($V$) | Umgewandelte Säure ($x$) | $\frac{x}{(1-x)^{1,11}} V^{0,11}$ |
|---|---|---|
| 1 | 0,0411 | 0,043 |
| 2 | 0,038 | 0,0428 |
| 4 | 0,0345 | 0,0418 |
| 8 | 0,0317 | 0,0413 |

Die Theorie der Herren *Guldberg* und *Waage* führt in diesem Falle zu der folgenden Beziehung:

$$\frac{C_{H_2S}\, C_{ZnCl_2}}{C_{HCl}^2} = \text{Const.},$$

und da man hat:

$$C_{H_2S} = C_{ZnCl_2} = \frac{x}{V} \quad \text{und} \quad C_{HCl} = \frac{1-x}{V},$$

so erhält man:

$$\frac{x^2}{(1-x)^2} = \text{Const., also } x = \text{Const.}$$

[**33**] Die hier gegebene Theorie führt dagegen in diesem Falle auf die folgende Beziehung: ($i_{H_2S} = 1,04$; $i_{ZnCl_2} = 2,53$ und $i_{HCl} = 1,98$):

$$\frac{C_{H_2S}^{1,04}\, C_{ZnCl_2}^{2,53}}{C_{HCl}^{3,96}} = K,$$

hieraus

$$\frac{x^{3,57}}{(1-x)^{3,96}} V^{0,39} = K,$$

und

$$\frac{x}{(1-x)^{1,11}} V^{0,11} = \text{Const.}$$

Man sieht sogleich, dass diese Theorie mit Anwachsen von $V$ die Verminderung von $x$ fordert, was der vorhergehenden Theorie entgeht und was dennoch auch der Versuch zeigt.

Für den analogen Fall mit der Schwefelsäure:[18])

$$ZnS + H_2SO_4 \rightleftarrows H_2S + ZnSO_4$$

führen die beiden Theorien auf: ($i_{H_2SO_4} = 2{,}06$; $i_{ZnSO_4} = 0{,}98$):

$$\frac{C_{H_2S}\, C_{SO_4Zn}}{C_{H_2SO_4}} = \text{Const.} \quad \text{und} \quad \frac{C_{H_2S}^{1,04}\, C_{SO_4Zn}^{0,98}}{C_{H_2SO_4}^{2,06}} = K$$

und nach den entsprechenden Einsätzen auf

$$\frac{x}{\sqrt{(1-x)V}} = \text{Const.}$$

und

$$\frac{x}{(1-x)^{1,02}} V^{0,02} = \text{Const.},$$

d. h. nach den Herren *Guldberg* und *Waage* muss $x$ merklich wachsen, wenn $V$ sich vergrössert, während nach meiner Theorie $x$ nahezu constant bleiben muss. Ich füge in der folgenden Tabelle die Ergebnisse neben den Grössen an, welche nach den beiden Theorien constant bleiben müssten:

| Volumen ($V$) | Umgewandelte Säure ($x$) | $\frac{x}{\sqrt{(1-x)V}}$ | $\frac{x}{(1-x)^{1,02}} V^{0,02}$ |
|---|---|---|---|
| 2 | 0,0238 | 0,0196 | 0,0247 |
| 4 | 0,0237 | 0,012 | 0,025 |
| 8 | 0,024 | 0,00858 | 0,0256 |
| 16 | 0,0241 | 0,0061 | 0,0262 |

Es handelt sich sodann um die analogen Versuche von Herrn *Ostwald**) über das Gleichgewicht, welches sich bei der Wirkung des Calciumoxalates auf verschiedene Säuren einstellt. Bevor ich auf die Einzelheiten eingehe, sei bemerkt, dass mir dieser Fall, der auf den ersten Blick so einfach aussieht, bei seiner Untersuchung mehrere Verwicklungen mit sich zu bringen scheint, von denen ich die Rolle erwähne, welche die Bildung von saurem Oxalat**) und die Löslichkeit des untersuchten Oxalates im Wasser spielen kann. Die Linien, welche die Beziehung zwischen dem zersetzten Oxalat ($x$) und dem von der molekularen Menge der angewandten Säure eingenommenen Volumen ($V$) darstellen, zeigen wahrscheinlich deshalb im Allgemeinen eine doppelte Krümmung. Zuerst, wenn die Werthe von $V$ nicht zu gross sind, ist die Volumvergrösserung je nach dem Falle von einer sehr auffallenden

*) Journ. f. prakt. Chemie. (2) XXIII. 517.
**) *Schloesing*, Comptes rendus l. c.

Verminderung [34] oder Vergrösserung von $x$ begleitet. Dann aber ist überall für $x$ eine ausgesprochene Tendenz zum Wachsen mit steigendem $V$ vorhanden. Man wird sehen, dass diese erste Erscheinung, welche von specifischer Natur zu sein scheint, weil sie sich von Fall zu Fall ändert, doch in der hier vorgeschlagenen Theorie wieder auftritt, deren Ergebniss in den verschiedenen Fällen die folgende Form annehmen kann:

$$\frac{x}{(1-x)^{1+C}} V^C = \text{Const.}$$

So erhält man, wenn es sich um die Salpetersäure handelt und folglich um das Gleichgewicht, nach der folgenden Formel [19]):

$$C_2O_4Ca + 2\,NO_3H \rightleftarrows C_2O_4H_2 + CaN_2O_6$$

die Beziehung ($i_{NO_3H} = 1{,}94$; $i_{C_2O_4H_2} = 1{,}25$; $i_{CaN_2O_6} = 2{,}02$):

$$\frac{C_{C_2O_4H_2}{}^{1,25}\, C_{CaN_2O_6}{}^{2,02}}{C_{NO_3H}{}^{3,88}} = K,$$

hieraus

$$\frac{x}{(1-x)^{1,18}} V^{0,18} = \text{Const.},$$

das heisst, dass in diesem Falle

$$C = 0{,}18 \quad \text{ist.}$$

Zum Vergleich mit dem Versuche fügen wir in der folgenden Tabelle neben der Grösse $C$ in den bezüglichen Fällen die Werthe von $x$ bei, welche den äussersten Werthen von $V$ bei der Temperatur 0° entsprechen.

| | | | |
|---|---|---|---|
| I. $NO_3H$ | $V = 0{,}2$ | $x = 0{,}0838$ | $C = +0{,}18$ |
| | 8 | 0,0512 | |
| II. $ClH$ | $V = 0{,}2$ | $x = 0{,}0517$ | $C = +0{,}06$ |
| | 8 | 0,049 | |
| III. $SO_4H_2$ | $V = 2$ | $x = 0{,}035$ | $C = -0{,}1$ |
| | 16 | 0,0457 | |

Es giebt hier eine ziemlich überraschende Annäherung, wenn auch nur qualitativer Natur. In der That sieht man bei der Salpetersäure und der Salzsäure, wo $C$ einen positiven Werth hat, $x$ abnehmen, wenn $V$ zunimmt, während bei der Schwefelsäure, wo $C$ einen negativen Werth hat, das Gegentheil stattfindet. Ja noch mehr, die Verminderung, um welche es sich handelt, ist auch am ausgesprochensten bei der Salpetersäure, wo der Werth $C$ auch viel höher ist. Alle diese Einzelheiten entgehen der Theorie der Herren *Guldberg* und *Waage*.

Es giebt sodann die Untersuchung von Herrn *Engel* *) über die Löslichkeit ($\gamma$) des Magnesiumcarbonates in Wasser, welches mit Kohlensäure bei verschiedenen Drucken ($x$) gesättigt ist, Untersuchungen, welche zu der folgenden Beziehung:

$$x^{0,37} = k\gamma$$

geführt haben, wo $k$ eine Constante ist. [35] Unter der Annahme[20]), dass es sich um das Gleichgewicht:

$$CO_3Mg + CO_2 + H_2O \rightleftarrows (CO_3H)_2Mg$$

handelt, führt nun meine Theorie auf ($i_{CO_2} = 1$ und $i_{(CO_3H)_2Mg} = 2,64$):

$$\frac{C_{(CO_3H)_2Mg}{}^{2,64}}{C_{CO_2}} = K, \text{ hieraus } x^{0,379} = k\gamma.$$

Es giebt auch hier wiederum eine sehr deutliche Uebereinstimmung, während dagegen die Herren *Guldberg* und *Waage* erhalten würden:

$$x = k\gamma.$$

Schliesslich sind noch die Untersuchungen von Herrn *Le Chatelier* **) vorhanden über das Gleichgewicht, welches sich zwischen dem basischen Quecksilbersulfat und der Schwefelsäure einstellt, nach der Formel:

$$Hg_3SO_6 + 2H_2SO_4 \rightleftarrows 3HgSO_4 + 2H_2O.$$

Der erwähnte Forscher drückt seine Resultate, indem er mit $A$ die Menge von Schwefelsäure und mit $S$ die des vorhandenen Quecksilbersulfates in einem gegebenen Volumen bezeichnet, durch die folgende Beziehung aus:

$$A^{1,58} = kS,$$

wo $k$ eine Constante ist.

---

*) Comptes rendus C, 352, 444.
**) Comptes rendus XCVII, 1555.

Nun erhält man nach meiner Theorie ($i_{H_2SO_4} = 2{,}06$ und $i_{HgSO_4} = 0{,}98$):

$$\frac{C_{HgSO_4}{}^{2,94}}{C_{H_2SO_4}{}^{4,12}} = K, \text{ hieraus } A^{1,4} = kS,$$

ein mit der Erfahrung genügend übereinstimmendes Ergebniss, während die Herren *Guldberg* und *Waage* erhalten würden:

$$\frac{C_{HgSO_4}{}^{3}}{C_{H_2SO_4}{}^{2}} = \text{Const., hieraus } A^{0,67} = kS.$$

Wir haben also insgesammt 12 Fälle von chemischem Gleichgewicht geprüft, und es scheint mir, dass überall genügende Uebereinstimmung zwischen den Versuchsdaten und der vorgeschlagenen Theorie vorhanden ist.

## B. Gleichgewicht bei veränderlicher Temperatur.

Wenn wir jetzt zum Zwecke der Anwendung die Versuche ins Auge fassen, welche uns den Einfluss der Temperatur auf das Gleichgewicht haben erkennen lassen, so muss bemerkt werden, dass die gefundenen Beziehungen:

$$\frac{C_{\prime\prime}{}^{\Sigma a_{\prime\prime} i_{\prime\prime}}}{C_{\prime}{}^{\Sigma a_{\prime} i_{\prime}}} = K \text{ und } \frac{d\,l\,K}{dT} = \frac{q}{2T^2}$$

sich nicht allein auf die chemischen Gleichgewichte, sondern auch auf die physikalischen Gleichgewichte im Zustande hinreichender Verdünnung anwenden lassen. So finden auch die Gesetze der Löslichkeit in den obigen Beziehungen ihren Ausdruck.

[36] Man hat es also dann mit dem einfachen Gleichgewichte zu thun, welches durch die folgende Formel angegeben wird:

$$\text{Ungelöster Stoff} \rightleftarrows \text{gelöster Stoff},$$

folglich wird $\Sigma a_{\prime} i_{\prime}$, welches Bezug auf die gelösten Stoffe des ersten Systemes hat, gleich Null und also $C_{\prime}{}^{\Sigma a_{\prime} i_{\prime}} = 1$, während $C_{\prime\prime}$ die Concentration ($C$) des gelösten Stoffes und $\Sigma a_{\prime\prime} i_{\prime\prime}$ den ihm zukommenden Werth $i$ angiebt. Das Gleichgewichtsgesetz bei constanter Temperatur erhält also folgende recht einfache Form:

$$C^i = K, \text{ hieraus } C = \text{Const.}$$

und drückt nichts anderes aus, als dass einer gegebenen Temperatur eine bestimmte Concentration des gelösten Stoffes entspricht. Nun wird man nach Einsatz dieses Werthes von $K$ in die Beziehung, welche den Einfluss der Temperatur ausdrückt, auf folgende Beziehung geführt:

$$\frac{d\,l\,C^i}{d\,T} = \frac{q}{2\,T^2}, \quad \text{hieraus} \quad \frac{d\,l\,C}{d\,T} = \frac{q}{2\,i\,T^2},$$

eine Gleichung, welche die Veränderung von $C$ (der Löslichkeit) durch die Temperatur mit der Wärmemenge $q$ in Verbindung setzt, welche entwickelt wird, wenn sich die molekulare Menge des gelösten Stoffes in Kilogrammen aus seiner Lösung abscheidet, d. h. mit der latenten Lösungswärme für die molekulare Menge.

---

Bevor wir von der quantitativen Seite an die erhaltene Beziehung[21]):

$$\frac{d\,l\,C}{d\,T} = \frac{q}{2\,i\,T^2}$$

herantreten, handelt es sich darum zu beachten, dass sie, wie schon mehr als einmal betont worden ist, angiebt, dass das Vorzeichen der den Auflösungsvorgang begleitenden Wärmeerscheinung (also von $q$) das Vorzeichen der Aenderung der Löslichkeit mit der Temperatur bestimmt.

Wenn die Lösungswärme $q$ gleich Null ist, so wird sich die Löslichkeit ($C$) nicht mit der Temperatur ändern. Diese Uebereinstimmung wurde in der That von Herrn *Alexejeff* *) für die Lösung des Isobutylalkohols in Wasser aufgestellt. In diesem Falle wächst die Wärmemenge $q$ mit der Temperatur derart, dass sie bei 0° negativ und bei 50° positiv wird, indem sie zwischen diesen beiden Grenzen durch Null geht. In der That kehrt bei der Temperatur, wo $q$ gleich Null ist, die Aenderung der Löslichkeit um, indem letztere dort ein Minimum zeigt. Herr *Le Chatelier* **) bemerkt, dass sich dasselbe bei dem schwefelsauren Kalk zeigt, wo die Versuche von Herrn *Berthelot* bei 24° einen Werth von $q$ gleich Null angeben, und

---

*) Bulletin de la Société chimique de Paris. XLI, 393.
**) Comptes rendus. C, 442.

die Versuche von Herrn *Marignac* ein Maximum in der Löslichkeit bei der wenig verschiedenen Temperatur von 35° zeigen.

Wenn die Lösungswärme ($q$) positiv ist, d. h. wenn während der Auflösung Wärme aufgenommen wird, so nimmt die Löslichkeit ($C$) mit steigender Temperatur zu. Da sich diese Uebereinstimmung bei der grossen Mehrzahl der festen Salze findet, so hat es noch ein besonderes Interesse, die wenigen Fälle anzugeben, wo mit steigender Temperatur sinkende Löslichkeit vorhanden ist. Der Auflösungsvorgang ist hier regelmässig von einer Wärmeentwicklung begleitet. So hat Herr *Pauchon* *) diese Beobachtung für das Anhydrid des Natriumsulfates gemacht, welches sich oberhalb von 33° ausscheidet, dasselbe ist der Fall für den Kalk und ebenso für sein Sulfat oberhalb 35°.

[37] Wenn schliesslich die latente Lösungswärme ($q$) negativ ist, d. h. wenn während der Auflösung Wärme entwickelt wird, so wird die Löslichkeit ($C$) mit steigender Temperatur abnehmen. Diese Uebereinstimmung zeigt sich bei allen untersuchten Gasen, sie findet sich wieder bei vielen Flüssigkeiten, beim Aether, beim Schwefelkohlenstoff, beim Brom, beim Butylalkohol, beim Amylalkohol, beim Essigester, beim Nikotin, wo man eine abnehmende Löslichkeit mit steigender Temperatur findet, welche von einer Wärmeentwicklung beim Auflösen begleitet ist. Beim Anilin findet in beiden Beziehungen das Gegentheil statt.

---

Die erhaltene Beziehung:

$$\frac{d\,l\,C}{d\,T} = \frac{q}{2\,i\,T^2} \qquad (1)$$

gestattet also, die Aufgabe von der quantitativen Seite zu betrachten und z. B. den Werth von $q$, d. h. die latente Lösungswärme voraus zu berechnen, wenn man von den Löslichkeitsdaten bei zwei verschiedenen Temperaturen für die Stoffe ausgeht, deren Werth $i$ bekannt ist. Zu diesem Zwecke kann man sich der integrirten Form der Gleichung (1) bedienen:

$$l\,C = -\frac{q}{2\,i\,T} + \text{Const.}\,,$$

*) Comptes rendus. XCVII, 1555.

woraus sich ergiebt:

$$l\frac{C_1}{C_2} = \frac{q}{2i}\left(\frac{1}{T_2} - \frac{1}{T_1}\right),$$

wo $\frac{C_1}{C_2}$ das Verhältniss der Löslichkeiten bei den Temperaturen $T_1$ und $T_2$ ist. Hieraus leitet sich ab:

$$q = \frac{2iT_1T_2}{T_1 - T_2} l \frac{C_1}{C_2}.$$

Die folgende Tabelle enthält für 17 Stoffe die Löslichkeitsdaten in Procenten neben den zugehörigen Temperaturen in C.-Graden. Ferner sind die Werthe von $q$, welche nach diesen Daten berechnet sind, und die direct calorimetrisch gefundenen Werthe in den letzten Reihen beigefügt, welche nach Division mit 1000 die Lösungswärme der molekularen Mengen in Grammen ausdrücken:

| [38] Stoff: | Löslichkeit: | Temperatur: | $i$ | ber. $\frac{q}{1000}$ | gef. $\frac{q}{1000}$ |
|---|---|---|---|---|---|
| Bernsteinsäure . . | 2,88*) | 0 | 1 | 6,9 | 6,7*††) |
| | 4,22 | 8,5 | | | |
| Benzoësäure . . . | 0,1823**) | 4,5 | 0,93 | 6,3 | 6,5*††) |
| | 2,1931 | 75 | | | |
| Salicylsäure. . . . | 0,16***) | 12,5 | 0,93 | 8,4 | 8,5*††) |
| | 2,44 | 81 | | | |
| Oxalsäure. . . . . | 5,2†) | 0 | 1,25 | 8,2 | 8,5*††) |
| | 8 | 10 | | | |
| Borsäure . . . . . | 1,947††) | 0 | 1,11 | 5,8 | 5,6*††) |
| | 2,92 | 12 | | | |
| Kalk . . . . . . . | 0,129†††) | 15,6 | 2,59 | —2,8 | —2,8**†) |
| | 0,103 | 54,4 | | | |

*) Bulletin de la Soc. chim. de Paris. XXI, 110.
**) L. c. XXXI, 62.
***) Bulletin de la Soc. chim. de Paris. XXXVIII, 147.
†) Jahresberichte. 1864. 94.
††) Comptes rendus. LXXXV, 1069.
†††) *Dalton.*
*††) *Berthelot*, Mécanique chimique.
**†) *Thomsen*, Thermochemische Untersuchungen.

| Stoff: | Löslichkeit: | Temperatur: | $i$ | ber. $\frac{q}{1000}$ | gef. $\frac{q}{1000}$ |
|---|---|---|---|---|---|
| Baryt . . . . . . . . | 1,5 §) | 0 | 2,69 | 16,3 | 15,2 **†) |
| | 2,22 | 10 | | | |
| Anilin. . . . . . . . | 3,11 §§) | 16 | 0,83 | 0,6 | 0,1 *††) |
| | 3,58 | 35 | | | |
| Amylalkohol . . . | 4,23 §§§) | 0 | 0,93 | —3,1 | —2,8 *††) |
| | 2,99 | 18 | | | |
| Phenol . . . . . . . | 7,12 §§) | 1 | 0,84 | 1,2 | 2,1 *††) |
| | 10,2 | 45 | | | |
| Kaliumbioxalat . . | 2,2 †) | 0 | 1,84 | 9,8 | 9,6 *††) |
| | 3,1 | 10 | | | |
| Kaliumbichromat . | 4,6 †) | 0 | 2,36 | 17,3 | 17 *††) |
| | 7,4 | 10 | | | |
| Alaun. . . . . . . . | 3 *†) | 0 | 4,45 | 21,9 | 20,2 *††) |
| | 4, 4,1 } 4,05 | 8,25, 10,5 } 9,375 | | | |
| Chlorat . . . . . . . | 3,3 *†) | 0 | 1,78 | 11 | 10 *††) |
| | 6,03 | 15,37 | | | |
| Borax. . . . . . . . | 2,83 *†) | 0 | 3,57 | 27,4 | 25,8 *††) |
| | 4,65 | 10 | | | |
| Baryumnitrat . . . | 5,2 *†) | 0 | 2,19 | 8,8 | 9,4 **†) |
| | 7 | 9 | | | |
| Quecksilberchlorid | 6,57 *†) | 10 | 1,11 | 3 | 3 *††) |
| | 11,84 | 50 | | | |

[39] Die Uebereinstimmung zwischen den berechneten und den beobachteten Werthen ist eine neue Bestätigung der erhaltenen Beziehungen. Es sei bemerkt, dass man, da diese

*) Bulletin de la Soc. chim. de Paris. XXI, 110.
**) L. c. XXXI, 62.
***) Bulletin de la Soc. chim. de Paris. XXXVIII, 147.
†) Jahresberichte. 1864. 94.
††) Comptes rendus. LXXXV, 1069.
†††) *Dalton.*
§) *Gmelin-Kraut.*
§§) Berliner Berichte. XVI, 2273.
§§§) L. c. X, 412.
*†) *Mulder*, Bijdragen tot de geschiedenis van het scheikundig gebonden water.
*††) *Berthelot*, Mécanique chimique.
**†) *Thomsen*, Thermochemische Untersuchungen.

Beziehungen sich nur auf den genügend verdünnten Zustand anwenden lassen, absichtlich in diese Tabelle nur diejenigen Stoffe eingefügt hat, welche eine hinreichend geringe Löslichkeit (nicht über 10%) bei den zur Berechnung benützten Temperaturen zeigen.

---

Während wir in Vorstehendem die Verschiebung des physikalischen Gleichgewichtes durch die Aenderung der Temperatur betrachtet haben, ist es jetzt Zeit, von demselben Gesichtspunkte aus das chemische Gleichgewicht ins Auge zu fassen. Nun scheint es mir, dass bisher nur die folgenden zwei Fälle genügend sowohl von der chemischen wie von der thermischen Seite untersucht worden sind, um eine Prüfung zu gestatten.

1) Das Gleichgewicht zwischen der Salpetersäure, der Schwefelsäure und der Salzsäure in Gegenwart von Natronlauge*).

In dem durch die folgenden Formeln dargestellten Gleichgewichte:

$$SO_4Na_2 + 2\,NO_3H \rightleftarrows 2\,NO_3Na + SO_4H_2$$

und

$$SO_4Na_2 + 2\,ClH \rightleftarrows 2\,ClNa + SO_4H_2$$

bestimmte Herr *Ostwald* das Verhältniss der Concentrationen der beiden Systeme bei verschiedenen Temperaturen, ein Verhältniss, welches nach Herrn *Thomsen* als relative Avidität der beiden untersuchten Säuren bezeichnet wird. So fand er für die Grösse $\frac{C_{\prime\prime}}{C_\prime}$ die folgenden Werthe:

| Temperatur | $A\,\frac{NO_3H}{SO_4H_2}$ | $q$ | $A\,\frac{ClH}{SO_4H_2}$ | $q$ |
|---|---|---|---|---|
| $T_1 = 0^\circ + 273^\circ$ | $\left(\frac{C_{\prime\prime}}{C_\prime}\right)_{T_1} = 1{,}9$ | 3848 | $\left(\frac{C_{\prime\prime}}{C_\prime}\right)_{T_1} = 1{,}93$ | 3644 |
| $T_2 = 60^\circ + 273^\circ$ | $\left(\frac{C_{\prime\prime}}{C_\prime}\right)_{T_2} = 2{,}37$ | | $\left(\frac{C_{\prime\prime}}{C_\prime}\right)_{T_2} = 2{,}37$ | |

*) Journal für prakt. Chemie. (2) XVI, 419.

Die dargelegte Theorie, welche sich in den folgenden Ausdrücken:

$$\frac{C_{\prime\prime}^{\Sigma a_{\prime\prime} i_{\prime\prime}}}{C_{\prime}^{\Sigma a_{\prime} i_{\prime}}} = K \quad \text{und} \quad \frac{d\,lK}{dT} = \frac{q}{2\,T^2}$$

zusammenfassen lässt, führt in den beiden vorliegenden Fällen auf die folgenden Beziehungen:

$$(i_{NO_3Na} = 1{,}82;\; i_{SO_4H_2} = 2{,}06;\; i_{NO_3H} = 1{,}94;\; i_{SO_4Na_2} = 1{,}91;$$
$$i_{ClNa} = 1{,}89 \text{ und } i_{ClH} = 1{,}98):$$

$$\frac{C_{\prime\prime}^{5,7}}{C_{\prime}^{5,79}} = K \quad \text{und} \quad \frac{C_{\prime\prime}^{5,84}}{C_{\prime}^{5,87}} = K,$$

was annähernd wird zu:

$$\left(\frac{C_{\prime\prime}}{C_{\prime}}\right)^{5,745} = K \quad \text{und} \quad \left(\frac{C_{\prime\prime}}{C_{\prime}}\right)^{5,855} = K.$$

[40] Bedient man sich jetzt der integrirten Form:

$$lK = -\frac{q}{2\,T} + \text{const.}$$

und

$$lK_2 - lK_1 = \frac{q}{2}\left(\frac{1}{T_1} - \frac{1}{T_2}\right),$$

hieraus

$$q = \frac{2\,T_1 T_2}{T_2 - T_1}(lK_2 - lK_1),$$

so kann man $q$ berechnen, indem man je nach dem Falle einsetzt:

$$lK_2 - lK_1$$
$$= (5{,}745 \text{ oder } 5{,}855)\left[l\left(\frac{C_{\prime\prime}}{C_{\prime}}\right)_{T_2} - l\left(\frac{C_{\prime\prime}}{C_{\prime}}\right)_{T_1}\right],$$

was auf die Werthe 3848 und 3644 für die bei der Umwandlung des zweiten Systemes in das erste entwickelte Wärme führt.

Wenn man nun beachtet, dass nach Herrn *Thomsen* die Neutralisationswärme von 2 NaOH, also von 80 kg, für Schwefelsäure den Werth 31700 erreicht, während sie für die Salpetersäure und die Salzsäure nur den Werth 27400 hat, so muss die vorliegende Umwandlung von einer Wärmeentwicklung von

31700 — 27400 = 4300 Calorien begleitet sein. Es ist also zwischen den berechneten und beobachteten beiden Werthen eine merkliche Annäherung vorhanden, besonders wenn man bedenkt, dass die Bildung von sauren Salzen Verwickelungen mit sich bringen muss, denen man noch nicht hat Rechnung tragen können.

2) Sodann ist die Zersetzung des Doppelsalzes $PbJ_2 . 2KJ . 2H_2O$ durch das Wasser zu betrachten. Diese Zersetzung, welche niedergeschlagenes Bleijodid und gelöstes Jodkalium erzeugt, bleibt stehen, wenn die Concentration des letztgenannten Stoffes einen bestimmten Werth erreicht hat, welcher von der Temperatur abhängt. Diese Concentration hat Herr *Ditte**) festgestellt und findet für sie die folgende Grösse, ausgedrückt in Grammen pro Liter:

| Temperatur | Concentration | $q$ |
|---|---|---|
| 5° | 140 | |
| | | 15970 |
| 10° | 160 | |
| | | 13830 |
| 14° | 175 | |
| | | 16330 |
| 20° | 204 | |
| | | 17370 |
| 28° | 251 | |
| | | 11570 |
| 39° | 300 | |
| | | 20340 |
| 59° | 503 | |
| | | 11510 |
| 67° | 560 | |
| | | 14150 |
| 85° | 738 | |
| | Mittelwerth | 15130 |

[41] Das so untersuchte Gleichgewicht lässt sich durch die Formel[22]) darstellen:

$$PbJ_2 . 2KJ . 2H_2O \rightleftarrows PbJ_2 + 2KJ + 2H_2O,$$

und wenn man die Beziehung

$$K = \frac{C_{\prime\prime}^{\Sigma a_{\prime\prime} i_{\prime\prime}}}{C_{\prime}^{\Sigma a_{\prime} i_{\prime}}}$$

anwendet, so hat man nur noch einzusetzen:

$$(i_{JK} = 1{,}9):$$

$$\Sigma a_{\prime} i_{\prime} = 0 \quad \text{und} \quad \Sigma a_{\prime\prime} i_{\prime\prime} = 2 \times 1{,}9 = 3{,}8\,,$$

was auf

$$K = C^{3,8}$$

---

*) Jahresberichte. 1881. 267.

führt, wo $C$ die Concentration des Jodkaliums ist. Hieraus ergiebt sich bei Anwendung der integrirten Form

$$lK_2 - lK_1 = \frac{q}{2}\left(\frac{1}{T_1} - \frac{1}{T_2}\right),$$

dass sich der Werth von $q$ ausdrücken lässt durch

$$q = \frac{7{,}6\, T_1 T_2}{T_2 - T_1}\left[l(C)_{T_2} - l(C)_{T_1}\right].$$

Auf diese Weise ist der Werth von $q$ unter Anwendung von zwei auf einander folgenden Beobachtungen berechnet und in die obige Tabelle eingefügt worden. Als Mittelwerth erhält man dabei 15130.

Es giebt hier eine überraschende Uebereinstimmung:

Die Bildung von $PbJ_2 \,.\, 2KJ \,.\, 2H_2O$ aus den festen Jodiden entwickelt 4620*) Calorien, während die Auflösung von 2JK in Wasser $2 \times 5300$ oder $2 \times 5100$ Calorien nach den Herren *Berthelot* und *Thomsen* verschluckt. Folglich berechnet sich $q$ zu $4620 + (10600$ oder $10200) = 15220$ oder 14820, je nach den verschiedenen Beobachtern.

---

*) Berliner Berichte. XV, 3084.

# Eine allgemeine Eigenschaft der verdünnten Materie.

Von

## J. H. van 't Hoff.

Bei der Untersuchung der Eigenschaften der verdünnten Materie zwecks Erforschung der das chemische Gleichgewicht beherrschenden Gesetze bin ich von der fast absoluten Identität überrascht worden, welche die Lösungen und die Gase in genügend verdünntem Zustande in ihren physikalischen Eigenschaften zeigen. In einer vorangehenden Arbeit*), welche dem chemischen Gleichgewichte gewidmet war, bin ich nur so weit auf diese Aehnlichkeit eingegangen, als sie zu dem Hauptzwecke dienen sollte, indem ich für die verdünnten Lösungen Gesetze aufstellte, welche denen von *Boyle* und *Gay-Lussac* für die Gase analog sind. Diese Abhandlung soll dazu bestimmt sein, einen gemeinsamen Zug hervorzuheben, welcher, obwohl ohne Werth beim Studium des chemischen Gleichgewichtes, mir dennoch eine bemerkenswerthe und ziemlich sonderbare allgemeine Eigenschaft der verdünnten Materie zu sein scheint, um so mehr, als seine Gewinnung eine Voraussagung gestattet hat, welche durch das Experiment bestätigt worden ist.

Um anzugeben, worin diese allgemeine Eigenschaft besteht, ist es, bevor wir sie in ihren Einzelheiten verfolgen, nothwendig, den besonderen Gesichtspunkt kennen zu lehren, welcher eine unerwartete Aehnlichkeit in den physikalischen Eigenschaften der gelösten und der gasförmigen verdünnten Materie hervortreten lässt.

---

*) Die Gesetze des chem. Gleichgewichtes im verdünnten, gasförmigen oder gelösten Zustande[29].

Vergleicht man die Materie an sich im gasförmigen Zustande mit derjenigen im gelösten Zustande, so ist von vornherein ausser in der Homogenität keine Aehnlichkeit vorhanden. Das ist aber sofort ganz anders, wenn man die gelöste Materie in einem Gefässe mit halb durchlässigen Wänden*), welches in das Lösungsmittel eingetaucht ist, betrachtet. Alsdann beginnen die Lösungen einen Druck auf die Wand auszuüben indem sie so die charakteristische Eigenschaft des gasförmigen Zustandes erlangen. Die osmotische Kraft nämlich, welche das Lösungsmittel in das Gefäss eintreten lässt, bringt, wenn dieses mit der Lösung angefüllt und verschlossen ist, auf die innere Wand den sogenannten osmotischen Druck hervor.

Nun findet sich unter den beschriebenen Umständen die Aehnlichkeit der Lösungen mit den Gasen bis in die Einzelheiten wieder, wenn man die beiden in einem Zustande genügend grosser Verdünnung vergleicht, so dass man die gegenseitigen Wirkungen und das Volumen der gasförmigen oder der gelösten Theilchen vernachlässigen kann, in einem Verdünnungszustande also, den man als idealen gasförmigen oder gelösten Zustand bezeichnen kann. Alsdann ist auch der osmotische Druck den beiden fundamentalen Gesetzen unterworfen, welche den Druck im gasförmigen Zustande beherrschen, nämlich:

1) Gesetz von *Boyle* für die Lösungen:

Der osmotische Druck ist proportional der Concentration, wenn die Temperatur constant bleibt.

[43] 2) Gesetz von *Gay-Lussac* für die Lösungen:

Der osmotische Druck ist proportional der absoluten Temperatur, wenn die Concentration constant bleibt.

Dies sind die Analogien, welche in der angeführten Arbeit im Einzelnen bewiesen und bestätigt worden sind, sie haben Bezug auf die Aenderung des Druckes mit den Umständen. Ich will jetzt noch einen dritten Satz hinzufügen, welcher auf die absolute Grösse dieses Druckes Bezug hat und in Wahrheit nichts anderes ist, als eine Ausdehnung des Gesetzes von *Avogadro*:

---

*) Eine Wand, welche das Lösungsmittel durchgehen lässt, welche sich aber dem Durchgange des gelösten Stoffes widersetzt. cf. für die Einzelheiten die oben erwähnte Arbeit.

### 3) Gesetz von *Avogadro* für die Lösungen.

Der Druck, welcher von den Gasen bei einer bestimmten Temperatur ausgeübt wird, wenn die gleiche Anzahl von Molekülen ein gegebenes Volumen einnimmt, ist gleich dem osmotischen Drucke, welchen die grosse Mehrzahl der Stoffe unter denselben Umständen ausübt, wenn sie in beliebigen Flüssigkeiten aufgelöst sind.

Dieser Druck ist gleich nahezu 22,4 Atmosphären, wenn bei 0° Celsius die molekulare Menge in Grammen sich im Liter befindet.

Es sei angegeben, dass man im Vorstehenden unter dem Ausdrucke »die grosse Mehrzahl der Stoffe« zunächst alle gelösten Gase versteht, welche beim Auflösen dem Gesetze von *Henry* folgen, und sodann alle die Stoffe, welche in ihrer Lösung die von Herrn *Raoult* sogenannte normale molekulare Gefrierpunktserniedrigung zeigen.

---

Bevor ich ausführlicher prüfe, wie weit sich die soeben aufgestellte Gleichheit der Drucke vorfindet, will ich mit einem besonderen Falle beginnen, um meine Absicht zu verdeutlichen, indem ich den Druck eines Gases, z. B. des Wasserstoffes, mit dem osmotischen Drucke einer Lösung, z. B. einer Lösung von Rohrzucker in Wasser, vergleiche.

Nach den Versuchen von Herrn *Pfeffer* *) kommt der osmotische Druck einer Flüssigkeit, welche Rohrzucker in seinem hundertfachen Gewichte Wasser aufgelöst enthält, auf die folgende Grösse in Atmosphären bei den daneben angegebenen Temperaturen:

| Temperatur ($t$) | Osmotischer Druck | $0{,}649\,(1 + 0{,}00367\,t)$ |
|---|---|---|
| 6,8 | 0,664 | 0,665 |
| 13,7 | 691 | 681 |
| 14,2 | 671 | 682 |
| 15,5 | 684 | 686 |
| 22 | 721 | 701 |
| 32 | 716 | 725 |
| 36 | 746 | 735 |

*) Osmotische Untersuchungen. Leipzig 1877.

Berechnet man jetzt den Druck, welchen bei den angegebenen Temperaturen der Wasserstoff ausübt, wenn ein gegebenes Volumen davon die gleiche Anzahl von Molekülen enthält, wie in der Rohrzuckerlösung enthalten ist, so erhält man einen Werth, welcher mit dem angegebenen osmotischen Druck nahezu identisch ist. Da in der That die Rohrzuckerlösung 1 g in ungefähr 100,6 cbcm enthält und die Molekulargewichte des Zuckers und des Wasserstoffes sich wie 342 : 2 verhalten, so handelt es sich um den Druck des Wasserstoffgases, wenn davon $\frac{2}{342}$ g in 100,6 cbcm vorhanden sind, d. h. 0,0581 g pro Liter. Da 1 l Wasserstoffgas 0,08956 g bei 0° und 1 Atmosphäre wiegt, so kommt dieser Druck auf $\frac{0,0581}{0,08956} = 0,649$ Atmosphären bei 0° und folglich auf $0,649\,(1 + 0,00367\,t)$, wenn die Temperatur $t^0$ ist.

[44] Es sei betont, dass die Gleichheit der beiden Grössen, um welche es sich hier handelt, sofort eine grosse Allgemeingiltigkeit erhält, wenn man beachtet, dass einerseits nach dem Gesetze von *Avogadro* alle Gase in den beschriebenen Umständen einen Druck zeigen, welcher dem des Wasserstoffgases gleich ist, und dass andererseits alle Stoffe, welche einen isotonischen*) Coefficienten 2 oder eine molekulare Gefrierpunktserniedrigung von 18,5 besitzen, d. h. also alle organischen Stoffe unter den beschriebenen Umständen denselben osmotischen Druck wie der Rohrzucker zeigen.

---

Wir wollen jetzt an das Problem in seiner ganzen Ausdehnung herantreten. Es ist also zunächst zu beweisen, dass die Gase, welche dem Gesetze von *Henry* folgen, d. h. sich proportional ihrem Drucke auflösen, in ihrer Lösung denselben osmotischen Druck besitzen müssen, wie sie ihn als solche ausüben.

Der Beweis, um welchen es sich handelt und welcher im Einzelnen in der vorangehenden Arbeit enthalten ist, lässt sich abgekürzt angeben, wie er mit Hülfe eines Kreises von umkehrbaren Aenderungen bei constanter Temperatur folgt. Zu diesem Zwecke denken wir uns 2 Cylinder I und II von besonderer, aber in beiden Fällen gleicher Bauart, von denen

*) *H. de Vries.* Turgorkraft. *Pringsheim*'s Jahrbücher 1884.

also nur der eine (I) beschrieben werden soll. Er ist an den beiden Enden von den Kolben $A_I$ und $B_I$ geschlossen und durch eine Scheidewand $a_I b_I$ getheilt. Ueber dieser Wand befindet sich die Lösung eines gasförmigen Stoffes in Gegenwart eines gewissen Ueberschusses dieses Stoffes, z. B. Sauerstoffgas in Gegenwart seiner wässerigen Lösung. Nach eingetretener Sättigung seien die Concentrationen des gasförmigen und des gelösten Sauerstoffes bezüglich gleich $c_I$ und $C_I$. Unterhalb der erwähnten Wand befindet sich eine der darüber stehenden gleiche Lösung. Die Wand selbst sei durchlässig für Sauerstoff und undurchlässig für Wasser. Es bleibt nur noch hinzuzufügen, dass der untere Theil des Cylinders in Wasser eintaucht, für welches seine Wand unterhalb von $a_I b_I$ durchlässig ist, während sie sich dem Durchgange von Sauerstoff widersetzt. Es ist klar, dass man durch eine absteigende Bewegung der beiden Kolben den Uebergang des Sauerstoffes in das Wasser bewerkstelligen, während man die ursprünglichen Concentrationen in allen Theilen des Apparates erhalten kann. Der Sauerstoff geht dann in die Lösung über und durchdringt darauf $a_I b_I$, während das Wasser unterhalb von $a_I b_I$ durch die untere Wand des Cylinders eintritt.

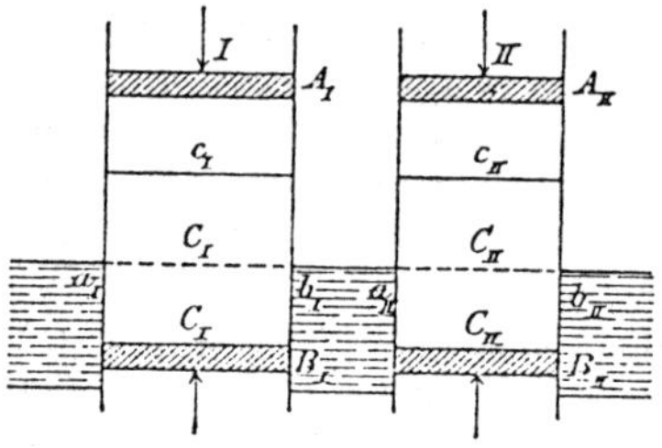

Fig. 6.

Diese Aenderung kann sich auch in umgekehrtem Sinne vollziehen, mit einem Worte, sie ist umkehrbar.

Nachdem wir so den Cylinder I beschrieben haben, wird die Bemerkung genügen, dass sich der Cylinder II von ihm nur durch die Concentrationen seines Inhaltes unterscheidet, welche $c_{II}$ und $C_{II}$ bezüglich für den gasförmigen und den gelösten Sauerstoff sind.

Bevor wir jetzt den Kreis von umkehrbaren Aenderungen ausführen, welcher zum Beweise dienen soll, wollen wir die Drucke und die Volumina ausdrücken, um welche es sich bei der Auswerthung der während dieser Umwandlungen vollzogenen Arbeiten handeln wird.

[45] Nehmen wir als Einheit der Concentration das Vorhandensein der molekularen Menge, also von 32 kg Sauerstoff

im Cubikmeter, dann ist das von dieser Menge eingenommene Volumen gleich $\frac{1}{C}$, wenn die Concentration auf $C$ steigt.

Setzen wir den Druck des Sauerstoffes bei der Einheit der Concentration und bei der Temperatur, um welche es sich handelt, gleich $P$ kg pro Quadratmeter und den osmotischen Druck der wässerigen Lösung unter denselben Umständen gleich $p$ kg pro Quadratmeter, dann werden diese Drucke $P_c$ und $p_c$ für die Concentration $C$ zu $PC$ und $pC$ je nach dem Falle.

Wir wollen jetzt folgenden Kreisprocess von umkehrbaren Aenderungen bei constanter Temperatur ausführen:

1) 32 kg Sauerstoff im gelösten Zustande im Cylinder II unterhalb der Wand $a_{,,}b_{,,}$ sollen in den gasförmigen Zustand übergehen durch eine gleichzeitige Hebung der beiden Kolben $A_{,,}B_{,,}$, welche so eine Arbeit von

$$\frac{1}{c_{,,}}c_{,,}P - \frac{1}{C_{,,}}C_{,,}p = P - p \text{ Kilogrammmeter}$$

leisten.

2) Der so im gasförmigen Zustande bei der Concentration $c_{,,}$ erhaltene Sauerstoff dehne sich in einem Kolbencylinder aus, bis er die Concentration $c_{,}$ erhalten hat, die dabei geleistete Arbeit wird zu:

$$\int_{\frac{1}{c_{,,}}}^{\frac{1}{c_{,}}} P_c dV = \int_{P_{c_{,,}}}^{P_{c_{,}}} - V d P_c = \int_{c_{,,}}^{c_{,}} - \frac{P}{c} dc = P l \frac{c_{,,}}{c_{,}}.$$

3) Der soeben erhaltene Sauerstoff wird alsbald in dem Cylinder I in den gelösten Zustand auf eine Concentration $C_{,}$ durch eine gleichzeitige Senkung der beiden Kolben $B_{,}$ und $A_{,}$ zurückgeführt, welche so eine Arbeit von $-(P-p)$ Kilogrammmeter leisten.

4) Der so erhaltene, bei der Concentration $C_{,}$ gelöste Sauerstoff bekommt schliesslich die ursprüngliche Concentration $C_{,,}$ in einer noch immer umkehrbaren Weise wieder. Zu diesem Zwecke wird die Lösung in einen in Wasser getauchten Cylinder gebracht, für welches seine Wand durchlässig ist, während sie sich dem Durchgange des Sauerstoffes widersetzt. Die nothwendige Volumenänderung wird durch die

Bewegung eines Kolbens hervorgebracht, welcher so eine Arbeit von $pl\frac{C_{\prime}}{C_{\prime\prime}}$ Kilogrammmetern leistet.

Da nun die Grundsätze der Thermodynamik fordern, dass die Summe der geleisteten Arbeiten gleich Null sei, so erhält man die Beziehung:

$$Pl\frac{c_{\prime\prime}}{c_{\prime}} + pl\frac{C_{\prime}}{C_{\prime\prime}} = 0,$$

was sich auch auf folgende Weise schreiben lässt:

$$\frac{c_{\prime\prime}^{P}}{C_{\prime\prime}^{p}} = \frac{c_{\prime}^{P}}{C_{\prime}^{p}},$$

und da man auch jedes andere Paar von dem Sättigungszustand entsprechenden Concentrationen $c$ und $C$ hätte wählen können, so erhält man:

$$\frac{c^{P}}{C^{p}} = \text{Constans}.$$

[46] Indem man mit diesem Ergebnisse das Gesetz von *Henry* vergleicht, d. h. also die Proportionalität zwischen dem Drucke und der gelösten Menge, welches sich folgendermaassen ausdrücken lässt:

$$\frac{c}{C} = \text{Constans},$$

so folgt, dass der Druck des Gases $P$ und der osmotische Druck seiner Lösung $p$ einander[23]) gleich sind, wenn das Gas dem Gesetze von *Henry* gehorcht, was zu beweisen war.

Die so erhaltene Beziehung hat den Vortheil, gleichzeitig die Allgemeinheit, welche der angegebenen Eigenschaft zukommt, und die Natur der Fälle, welche davon eine Ausnahme machen, zu zeigen. Sie stellt in der That diese Ausnahmefälle und die Abweichung vom *Henry*'schen Gesetze in eine Linie und gestattet so die Annahme, dass die beiden Abweichungen dieselbe Ursache haben. Es sei darauf hingewiesen, dass das Salzsäuregas z. B., welches bei seiner Löslichkeit in Wasser nicht dem Gesetze von *Henry* folgt, in dieser Lösung auch einen osmotischen Druck haben wird, welcher von dem Drucke verschieden ist, den das Gas[24]) besitzen würde, und dass die erstere Abweichung im Allgemeinen der chemischen Vereinigung zugeschrieben wird, welche beim Auflösungsvorgange eine Rolle spielt.

Der zweite Weg, welcher zum Beweise der behaupteten Eigenschaft zu gelangen gestattet, geht von einer Beziehung aus zwischen dem osmotischen Drucke eines Stoffes und der Gefrierpunktserniedrigung, welche er in einem gegebenen Lösungsmittel hervorruft. Auch diesmal wird uns ein Kreisprocess von umkehrbaren Aenderungen dazu dienen, die fragliche Beziehung mit Hülfe der Grundsätze der Thermodynamik abzuleiten.

Wir wollen zu diesem Zwecke irgend eine Flüssigkeit annehmen mit dem Schmelzpunkte $T$ (absolute Temperatur) und mit einer latenten Schmelzwärme von $W$ Calorien pro Kilogramm. Wir wollen darin eine kleine Menge irgend eines Stoffes z. B. im Verhältniss von 1 : 100 auflösen und annehmen, dass der osmotische Druck dieser Lösung $P$ kg pro Quadratmeter sei, während ihr Gefrierpunkt $T - \varDelta$ wird. Man kann dann folgenden Kreisprocess von umkehrbaren Aenderungen ausführen:

1) Die Lösung wird in einen in das Lösungsmittel eingetauchten Kolbencylinder eingeführt, dessen Wand für das Lösungsmittel durchlässig ist, während sie sich dem Durchgange des gelösten Stoffes widersetzt. Durch eine passende Bewegung des Kolbens entzieht man der Lösung 1 kg des Lösungsmittels, welches durch die Wand des Cylinders hindurch geht. Nimmt man eine so grosse Menge der Lösung als vorhanden an, dass ihre Concentration durch den beschriebenen Vorgang nicht merklich geändert wird, so wird die Arbeit, welche der Kolben leistet, in Calorien zu

$$\frac{AP}{1000\,S} \quad \text{mit} \quad A = \frac{1}{423{,}55},$$

wo $S$ das specifische Gewicht des Lösungsmittels bezeichnet.

2) Hierauf lässt man das soeben erhaltene Kilogramm des Lösungsmittels bei $T^0$ gefrieren, wobei man $W$ Calorien erhält, und kühlt dieses Kilogramm und die Lösung um $\varDelta$ ab, um das Kilogramm Lösungsmittel dann wieder in die Lösung einzuführen und hier durch Zuführung der nöthigen Wärmemenge seine Schmelzung bei $T - \varDelta$ hervorzurufen. Schliesslich erhöht man die Temperatur wieder um $\varDelta$, um den ursprünglichen Zustand wieder herzustellen.

[47] Das Ergebniss des soeben ausgeführten umkehrbaren Kreisprocesses ist, dass $W$ Calorien von der Temperatur $T - \varDelta$ auf die Temperatur $T$ gehoben wurden, indem sie bei der

Temperatur $T - \Delta$ aufgenommen und bei der Temperatur $T$ entwickelt worden sind, und dass man dabei eine Arbeit von $\frac{AP}{1000\,S}$ leisten muss. Folglich giebt es nach den Grundsätzen der Thermodynamik die folgende Beziehung*):

$$\frac{AP}{1000\,S} = \frac{\Delta}{T} \cdot W \tag{1}$$

Zunächst wollen wir in diese Beziehung die molekulare Gefrierpunktserniedrigung einsetzen und diese zuerst von Herrn *Raoult* eingeführte Grösse mit $t$ bezeichnen. Dieser Werth ist nichts anderes als das Molekulargewicht ($m$) eines Stoffes multiplicirt mit der Gefrierpunktserniedrigung, welche 1 g desselben in 100 g des Lösungsmittels erzeugt. Man hat folglich die Beziehung:

$$t = m\Delta. \tag{2}$$

Wir wollen sodann den osmotischen Druck $P$ in Kilogrammen pro Quadratmeter berechnen, welchen eine Lösung 1:100 hervorbringen muss, wenn dieser Druck gleich demjenigen wird, welchen der Stoff im gasförmigen Zustande ausüben würde, und wir wollen annehmen, dass die Lösung 1:100 je 1 g des gelösten Stoffes auf $\frac{101}{S}$ Cubikcentimeter, d. h. $\frac{1000\,S}{101}$ g pro Liter enthält. Wenn es sich um einen gasförmigen Stoff handelte, z. B. um Wasserstoffgas, so würde der Druck auf

$$\frac{\frac{1000\,S}{101}}{0{,}08956} \times 10333 \times \frac{T}{273} \text{ kg pro Quadratmeter}$$

kommen, folglich wird dieser Druck, wenn es sich um einen Stoff mit dem Molekulargewichte $m$ handelt, zu:

$$P = \frac{2}{m} \times \frac{1000 \times 10333\,ST}{101 \times 0{,}08956 \times 273}. \tag{3}$$

Setzt man schliesslich die Beziehungen (2) und (3) in (1) ein, so erhält man die Gleichung:

---

*) Man hat bei Annahme dieses Schlusses eine Differenz in den specifischen Wärmen vernachlässigt. Diese Vereinfachung ist aber durch die Kleinheit von $\Delta$ in den fraglichen Lösungen gerechtfertigt.

$$2 \times 10333\, A T^2 = 101 \times 0{,}08956 \times 273\, W t,$$

woraus sich ergiebt mit $\left(A = \frac{1}{423{,}55}\right)$:

$$t = 0{,}01976 \frac{T^2}{W}.$$

---

Die so erhaltene Beziehung kann zur Berechnung der molekularen Gefrierpunktserniedrigung dienen, welche ein Stoff in einem gegebenen Lösungsmittel hervorbringen muss, wenn dieser Stoff darin einen osmotischen Druck zeigt, welcher gleich demjenigen ist, den er im gasförmigen Zustande unter denselben Umständen von Temperatur und Concentration ausübt. Die Lösungsmittel, für welche diese Rechnung ausgeführt worden ist, sind das Wasser, die Essigsäure, die Ameisensäure, das Benzol und das Nitrobenzol, weil der Gefrierpunkt ($T$) und die latente Schmelzwärme ($W$) dieser Flüssigkeiten bestimmt worden sind, während Herr *Raoult* die molekularen Gefrierpunktserniedrigungen ($t$) untersucht hat, welche die Auflösung einer sehr grossen Zahl von Stoffen in ihnen hervorbringt.

Es folgt hier das Ergebniss dieser Berechnung: [48]

| Lösungsmittel | Gefrierpunkt ($T$) | Schmelzwärme ($W$) | $t = 0{,}01976 \frac{T^2}{W}$ | Normale Gefrierpunktserniedrigung |
|---|---|---|---|---|
| Wasser | 273 | 79,0 | 18,7 | 18,5 |
| Essigsäure | 273 + 16,75 | 43,2 *) **) | 38,3 | 38,6 |
| Ameisensäure | 273 + 8,52 | 55,6 *) **) | 28,1 | 27,7 |
| Benzol | 273 + 4,96 | 29,09 **) | 52,5 | 50 |
| Nitrobenzol | 273 + 5,28 | 22,3 **) | 68,6 | 70,7 |

Nach Berechnung dieser Erniedrigungen ist es interessant, sie mit den gefundenen Werthen zu vergleichen und sie hier in so häufiger Weise wiederauftreten zu sehen, dass Herr *Raoult* ihnen unwillkürlich einen normalen Charakter zuschrieb.

Zunächst zu den wässerigen Lösungen: Herr *Raoult* ***)

---

*) *Berthelot*, Essai de mécanique chimique.
**) *Pettersson*, Journal für prakt. Chemie (2) XXIV, 129.
***) Annales de Chimie et de Physique (5) XXVIII.

fand hier eine molekulare Gefrierpunktserniedrigung von 18,5 für eine so erhebliche Anzahl von Stoffen, dass er sogar vorschlug, auf diese Uebereinstimmung eine Bestimmung von Molekulargewichten zu begründen, indem er so das auf die Lösungen ausgedehnte und hier aufgestellte Gesetz von *Avogadro* anwandte. Diese Zahl 18,5 nähert[25]) sich der von uns berechneten Zahl 18,7 sehr.

Für die Lösungen in Eisessig nimmt Herr *Raoult**) einen analogen Werth von 39 an, welcher sich zwischen den Grenzen 33 bis 43 bei 56 von 59 untersuchten Stoffen wiederfindet. Der mittlere Werth, welcher nach den Daten von Herrn *Raoult* ermittelt worden ist, kommt auf 38,6, eine Zahl, welche sich ebenfalls der von uns berechneten Zahl 38,3 stark nähert.

Für die Lösungen in Ameisensäure nimmt Herr *Raoult**) den Werth 29 an, welcher sich zwischen den Grenzen 26,1 und 29,7 schwankend bei 9 unter 10 untersuchten Fällen wiederfindet. Der Mittelwerth nach diesen Daten kommt auf 27,7, eine Zahl, welche der von uns berechneten Zahl 28,1 sich noch genügend nähert.

Für das Benzol findet Herr *Raoult**) den Werth 50, welcher sich zwischen 46,3 und 52 schwankend bei 42 der untersuchten 51 Stoffe wiederfindet. Dieser Werth ist auch das Mittel der erhaltenen Daten und entfernt sich nur wenig von der von uns berechneten Zahl 52,5.

Für das Nitrobenzol schliesslich nimmt Herr *Raoult**) den Werth 73 an, welcher sich zwischen den Grenzen 67,4 und 73,6 schwankend bei 13 der untersuchten 18 Stoffe wiederfindet. Der Mittelwerth kommt in diesem Falle auf 70,7 und entfernt sich auch nicht viel von dem von uns berechneten Werth 68,6.

Es ist daher klar, dass der osmotische Druck der grossen Mehrzahl der Stoffe gleich ist dem Drucke, welchen diese Körper im gasförmigen Zustande unter denselben Umständen von Temperatur und Concentration ausüben würden.

---

Es ist dank der grossen Liebenswürdigkeit von Herrn *O. Pettersson*, Professor an der Universität Stockholm, möglich gewesen, noch einen Schritt weiter in der angegebenen Richtung zu thun. Herr *Raoult**) hatte seine Untersuchungen auch auf das Aethylendibromür ausgedehnt, einen Stoff, für

*) loc. cit. (6) XI.

welchen die latente Schmelzwärme ($W$) nicht bekannt war, für welchen aber diese letzte Grösse nach der oben erhaltenen Beziehung

$$t = 0{,}01976 \frac{T^2}{W}$$

berechnet werden kann.

[49] Da 7,92 der Gefrierpunkt des Aethylendibromürs ist, so hat man hier nur einerseits

$$T = 273 + 7{,}92$$

und andererseits den Werth von $t$ nach den Beobachtungen von Herrn *Raoult* einzusetzen. Nun findet dieser bei 5 der 7 untersuchten Stoffe eine Molekularerniedrigung von nahezu 118, wie sich aus den folgenden Daten ergiebt:

| | |
|---|---|
| Schwefelkohlenstoff | 116,6 |
| Chloroform | 118,4 |
| Benzol | 119,2 |
| Aether | 117,5 |
| Arsenchlorür | 118,1 |
| Mittelwerth | 117,9 |

Setzt man diese Grössen wie angegeben ein, so erhält man den Werth:

$$W = 13{,}2.$$

Um diesen Schluss zu bestätigen und somit auch die Schlussfolgerung, auf der er beruht, habe ich Herrn *Pettersson* unter Mittheilung des von mir erwarteten Werthes gebeten, die latente Schmelzwärme des Aethylendibromürs bestimmen zu wollen. Dieser Forscher schreibt mir denn auch, nachdem er mit einer durch Gefrieren gereinigten Probe gearbeitet hat, am 29. Juni 1885: »Die Wärmequantität, welche beim Erstarren abgegeben wurde, obgleich nicht ganz die Zahl 13,2 erreichend, ist jedoch so nahe liegend, dass Sie es kaum besser von einer solchen Substanz wie diesem Bromid erwarten können.« Drei Versuche ergaben:

1) $W = 13{,}05$, 2) $W = 12{,}88$, 3) $W = 12{,}89$.

Ich ergreife diese Gelegenheit, um dem schwedischen Chemiker meinen aufrichtigen Dank auszusprechen.[26])

[50]

# Elektrische Bedingungen des chemischen Gleichgewichtes.[27]

Von

J. H. van 't Hoff.

---

Die Lectüre der beiden wichtigen Abhandlungen von Herrn *Svante Arrhenius*[28] über die galvanische Leitfähigkeit der Elektrolyte*) hat mich auf die Untersuchung der Beziehungen geführt, welche die chemischen Gleichgewichtserscheinungen mit den Fundamentalgrössen der Elektricität, mit der Leitfähigkeit, mit der elektromotorischen Kraft und der Intensität zeigen müssen. Ich möchte schon jetzt meine Schlussfolgerungen bekannt geben, da sie einerseits in vollständiger Uebereinstimmung mit der in einer früheren Abhandlung**) dargelegten Theorie des Gleichgewichtes sind und weil andererseits der in diesen Zeilen aufzustellende Grundsatz gestattet, die in der erwähnten Abhandlung enthaltenen Gesetze in einer äusserst einfachen Weise abzuleiten, und er sich so als eine natürliche Ergänzung an jene Abhandlung anschliesst.

Das chemische Gleichgewichtsprincip, welches hier darzulegen ist, fliesst unmittelbar aus dem einfachen mechanischen Begriffe, welcher im Allgemeinen zur Messung der Kräfte dient, z. B. auch bei jeder Wägung Man setzt der zu bestimmenden Kraft eine andere von bekannter aber veränderlicher Grösse entgegen und lässt diese letztere Kraft sich so lange ändern, bis sich das Gleichgewicht hergestellt hat. Es giebt dann Gleichheit zwischen der zu bestimmenden Kraft und der bekannten.

---

*) Bihang till K. Sv. Akad Handl. Bd. 8, No. 13—14.

**) Die Gesetze des chemischen Gleichgewichtes für den verdünnten, gasförmigen oder gelösten Zustand.[29]

Nun kann ein vollständig analoger Weg, wie wir ihn eben beschrieben haben, auch bei der Messung der chemischen Kräfte dienen, indem man die Natur der ihnen entgegenzusetzenden Kraft passend wählt, deren Grösse bekannt und veränderlich sein muss. Man braucht dann nur diese letztere Kraft so lange zu ändern, bis durch sie die Umwandlung, welche die chemischen Kräfte zu erzeugen streben, eben verhindert wird.

Diese Messungsweise der chemischen Kräfte erlangt eine sehr leichte Anwendbarkeit, wenn man sich der Elektricität als derjenigen Kraft bedient, welche sich der Umwandlung entgegenstellt. Seitdem man nämlich weiss, dass selbst Verbindungen wie das Chlorkalium, deren Bildung von der Wirkung der energischsten chemischen Kräfte herrührt, durch einen Strom von genügend grosser elektromotorischer Kraft zersetzbar sind, ist es in der That klar, dass es möglich sein wird, jeder chemischen Kraft, die eine chemische Umwandlung hervorzubringen sucht, eine elektromotorische Kraft entgegenzusetzen, welche gerade gross genug ist, um das Eintreten dieser Umwandlung zu verhindern. Diese elektromotorische Kraft ist dann also das genaue Maass derjenigen chemischen Kraft, deren Wirkung sie verhindert.

In das Vorstehende ist noch eine Vereinfachung einzuführen durch die Ueberlegung, dass die elektromotorische Kraft, welche zur Verhinderung einer Umwandlung nothwendig ist, gerade gleich derjenigen ist, welche von der Umwandlung selbst erzeugt werden kann, wenn diese sich in einer galvanischen Zelle vollzieht. Folglich misst diese letztere Kraft auch diejenige, welche die Umwandlung hervorzubringen sucht. [51] Jetzt ist es nur noch ein Schritt bis zu dem elektrischen Grundsatze, welcher das chemische Gleichgewicht beherrscht, wenn also zwei Systeme gleichzeitig vorhanden sind. Die Kraft nämlich, welche die Umwandlung hervorzubringen sucht, muss unter diesen Umständen Null sein, denn sonst würde es kein Gleichgewicht geben, sondern Umwandlung im einen oder anderen Sinne. Folglich muss die elektromotorische Kraft, welche von der gegenseitigen Umwandlung der beiden Systeme bei den dem Gleichgewichte entsprechenden, bezüglichen Concentrationen geliefert werden kann, gleich Null sein.

Die so erhaltene elektrische Bedingung[30]), welcher jedes chemische Gleichgewicht bei gleichzeitiger Gegenwart der beiden Systeme genügen muss, gründet sich einerseits auf die oben für ihre Ableitung gemachten Ueberlegungen und andererseits auf die hier darzulegende Uebereinstimmung zwischen den aus der erwähnten Bedingung fliessenden Schlussfolgerungen und den Gleichgewichtsgesetzen, welche mit Hülfe der thermodynamischen Grundsätze aufgestellt worden sind.

Wir wollen zunächst unter Anwendung der neuen Bedingung, um die Gesetze des chemischen Gleichgewichtes kennen zu lernen, in qualitativer Weise zeigen, wie sich nach dieser Bedingung die Möglichkeit eines Gleichgewichtszustandes voraussehen lässt.

Zu diesem Zwecke nehmen wir an, dass die Umwandlung des zweiten Systemes von der Einheit der Concentration in das erste System von der Einheit der Concentration auch eine elektromotorische Kraft von $E$ Calorien[31]) erzeugen kann, wenn sie sich in einer galvanischen Zelle vollzieht, es ist dann klar, dass hier kein Gleichgewicht stattfinden wird bei gleichzeitiger Gegenwart der beiden Systeme in dem angegebenen Concentrationszustande. Nun hängt bekanntlich die von einer Umwandlung erzeugte elektromotorische Kraft ab von der Concentration dessen, was sich in der galvanischen Zelle umwandelt, und dessen, was entsteht, und zwar in der Weise, dass sie mit der ersteren zunimmt und bei Vergrösserung der letzteren abnimmt.[32]) Folglich kann man in unserem Beispiele durch Verminderung der Concentration des zweiten Systemes oder durch Vergrösserung der Concentration des ersten Systemes oder schliesslich, indem man beides zugleich thut, $E$ vermindern. Wenn diese Verminderung schliesslich $E$ auf den Werth Null gebracht hat, so sind die beiden Concentrationen dann diejenigen, bei welchen die beiden Systeme neben einander vorhanden sind, ohne dass Umwandlung stattfindet, mit einem Worte, sie sind im Gleichgewichte.

Es bleibt nun noch übrig, in diese Ueberlegung die quantitativen Beziehungen einzuführen mit Hülfe des folgenden Kreisprocesses von umkehrbaren Aenderungen, welche bei constanter Temperatur vollzogen werden:

1) Zunächst wandelt sich die molekulare Menge des zweiten Systemes in Kilogrammen bei der Einheit der Concentration in das erste System von gleicher Concentration um, indem es dabei in einer galvanischen Zelle die besprochene elektro-

motorische Kraft $E$ Calorien erzeugt. Diese Umwandlung ist umkehrbar, weil die von ihr gelieferte elektromotorische Kraft gerade gleich[33]) derjenigen ist, welche zur Erzeugung der entgegengesetzten Umwandlung nothwendig ist.

2) Hierauf erhält das erste System auf eine alsbald zu beschreibende umkehrbare Weise die Concentration $C_{,}$, indem es eine durch $A_{,}$ Calorien bezeichnete Arbeit leistet.

3) Hierauf soll die Umwandlung in das zweite System mit der Concentration $C_{,,}$ sich in einer galvanischen Zelle vollziehen, welche die elektromotorische Kraft $X$ zeige.

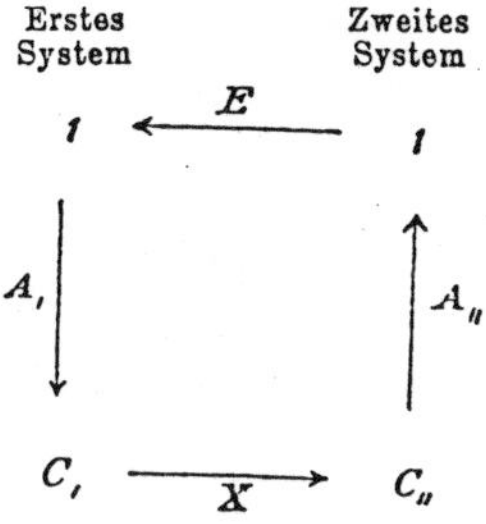

Fig. 7.

4) Schliesslich wird der ursprüngliche Zustand dadurch wieder hergestellt, dass das zweite System in stets umkehrbarer Weise wieder eine der Einheit gleiche Concentration annimmt, indem es dabei eine Arbeit von $A_{,,}$ Calorien leistet.

[**52**] Nach den Grundsätzen der Thermodynamik[34]) muss die Summe der bei diesem umkehrbaren Kreisprocesse bei constanter Temperatur geleisteten Arbeiten gleich Null sein, was sich durch folgende Beziehung ausdrücken lässt:

$$E + A_{,} + X + A_{,,} = 0 .$$

Diese Gleichung gestattet die elektromotorische Kraft ($X$) zu berechnen, welche die Umwandlung zweier Systeme bei gegebenen Concentrationen erzeugen wird, wenn man von der elektromotorischen Kraft ($E$) ausgeht, welche bei der Einheit der Concentration beider Seiten erzeugt wird. Sind jetzt $C_{,}$ und $C_{,,}$ die Concentrationen, welche dem Gleichgewichte entsprechen, so wird nach dem oben ausgesprochenen Grundsatze $X = 0$ und man erhält als quantitativen Ausdruck:

$$E + A_{,} + A_{,,} = 0 .$$

---

Es bleiben nur noch die mit $A_{,}$ und $A_{,,}$ bezeichneten Grössen zu ermitteln, welche in Calorien die Arbeiten darstellen, welche bei einer umkehrbaren Concentrationsänderung bei constanter Temperatur geleistet werden.

Handelt es sich um gasförmige Systeme, so kann diese Concentrationsänderung sich in einem Kolbencylinder in Form einer Volumenänderung vollziehen und man hat dann:

$$A_{,} = AP_{,}l\frac{1}{C_{,}} \quad \text{und} \quad A_{,,} = AP_{,,}lC_{,,},$$

wo $A = \frac{1}{423,55}$ ist, während $P_{,}$ und $P_{,,}$ die Drucke der beiden Systeme in Kilogrammen pro Quadratmeter bei der Einheit der Concentration sind. Man erhält so:

$$E + AP_{,}l\frac{1}{C_{,}} + AP_{,,}lC_{,,} = 0$$

woraus sich ergiebt:

$$l\frac{C_{,,}^{P_{,,}}}{C_{,}^{P_{,}}} = -\frac{E}{A}.$$

Wenn es sich um gelöste Systeme handelt, so lässt sich die umkehrbare Concentrationsänderung auch in einem Kolbencylinder ausführen, aber dieses Mal ist der Cylinder in das Lösungsmittel getaucht, für welches seine Wand durchlässig ist, während sie sich dem Durchgange der gelösten Stoffe widersetzt. Die so erhaltene Beziehung ist der oben stehenden vollständig gleich, nur mit dem einzigen Unterschiede, dass $P_{,}$ und $P_{,,}$ in Kilogrammen pro Quadratmeter den zugehörigen osmotischen Druck der beiden Systeme bei der Einheit der Concentrationen bedeuten.

Es sei daran erinnert[35]), dass das Gesetz des Gleichgewichtes bei constanter Temperatur, welches aus den Grundsätzen der Thermodynamik abgeleitet ist, sich folgendermaassen ausdrücken lässt:

$$\frac{C_{,,}^{P_{,,}}}{C_{,}^{P_{,}}} = \text{Const.},$$

wo $P_{,,}$ und $P_{,}$ auch den Druck oder den osmotischen Druck der Systeme bei der Einheit der Concentrationen bezeichnen, je nachdem es sich um den gasförmigen oder den gelösten Zustand handelt. Da die Constanz dieses Ausdruckes auch aus der oben aufgestellten Beziehung sich ergiebt, so ist also auch hier Uebereinstimmung vorhanden, soweit es sich um das Gleichgewichtsgesetz bei constanter Temperatur handelt.

[53] Es ist jetzt noch hinzuzufügen, dass sich die soeben angegebene Uebereinstimmung auch für den Einfluss der Temperatur auf das Gleichgewicht, wie er sich von beiden Gesichtspunkten aus ergiebt, wiederfindet. In der That geht die Beziehung:

$$\frac{d\,l K}{d\,T} = \frac{q}{2\,T^2},$$

welche mit Hülfe der Grundsätze der Thermodynamik[36]) erhalten worden ist, auch aus der soeben erst eingeführten elektrischen Bedingung hervor.

Setzen wir nämlich in die oben erhaltene Gleichung:

$$l\frac{C_{\prime\prime}^{P_{\prime\prime}}}{C_{\prime}^{P_{\prime}}} = -\frac{E}{A}$$

die Werthe von $P_{\prime\prime}$ und $P_{\prime}$, wie sie aus der erwähnten Abhandlung[37]) sich ergeben:

$$P_{\prime\prime} = R\,T\Sigma a_{\prime\prime} i_{\prime\prime} \quad \text{und} \quad P_{\prime} = R\,T\Sigma a_{\prime} i_{\prime}$$

ein, so erhält man in der That:

$$l\frac{C_{\prime\prime}^{\Sigma a_{\prime\prime} i_{\prime\prime}}}{C_{\prime}^{\Sigma a_{\prime} i_{\prime}}} = -\frac{E}{A R T} = -\frac{E}{2\,T}$$

$$\left(A R = \frac{1}{423{,}55} \times 846{,}05 = 1{,}995\right),$$

wo man jetzt den Werth für $K$ nach dem Ausdrucke[38]):

$$\frac{C_{\prime\prime}^{\Sigma a_{\prime\prime} i_{\prime\prime}}}{C_{\prime}^{\Sigma a_{\prime} i_{\prime}}} = K$$

einsetzen kann, was zu der folgenden Beziehung führt:

$$l K = -\frac{E}{2\,T}.$$

Hieraus ergiebt sich:

$$\frac{d\,l K}{d\,T} = \frac{E}{2\,T^2} - \frac{1}{2\,T} \times \frac{d\,E}{d\,T}.$$

Nun gehorcht nach den Herren *Helmholtz* und *Czapski**) die

---

*) Sitzungsber. der kön. preuss. Akademie 1882. XXII, 825. *Wiedemann*'s Annalen XXI. 209.

Aenderung der elektromotorischen Kraft mit der Temperatur der folgenden Beziehung[39]):

$$\frac{dE}{dT} = \frac{E - q}{T},$$

[54] also einer Beziehung, welche man nur in die vorangehende Gleichung einzusetzen braucht, um zu erhalten:

$$\frac{d\,lK}{dT} = \frac{q}{2T^2},$$

was zu beweisen war.

Es giebt also auch von dieser Seite aus die vollkommenste Uebereinstimmung.

---

Aus der elektrischen Bedingung des chemischen Gleichgewichtes, welche wir im Anfange dieser Abhandlung angegeben haben, hat man also dieselben beiden Gleichgewichtsgesetze ableiten können, zu welchen auch die Thermodynamik führt, nämlich:

1) das Gesetz des Gleichgewichtes bei constanter Temperatur, welches sich folgendermaassen ausdrücken lässt:

$$\frac{C_{\prime\prime}^{\Sigma a_{\prime\prime} i_{\prime\prime}}}{C_{\prime}^{\Sigma a_{\prime} i_{\prime}}} = K \qquad (1)$$

2) das Gesetz des Gleichgewichtes bei veränderlicher Temperatur:

$$\frac{d\,lK}{dT} = \frac{q}{2T^2} \qquad (2)$$

Das erhaltene Resultat erlaubt aber auch noch einen Schritt weiter zu gehen und zu diesen beiden Ausdrücken noch einen dritten hinzuzufügen, den ich soeben angegeben habe, nämlich:

3) die physikalische Bedeutung[40]) der Gleichgewichtsconstante $K$:

$$lK = -\frac{E}{2T} \qquad (3)$$

---

Die neue durch die Gleichung (3) ausgedrückte Beziehung hat den Inhalt, dass jede Gleichgewichtsbestimmung zu gleicher Zeit auch eine Bestimmung der elektromotorischen Kraft ist, welche durch die Umwandlung erzeugt werden wird, wenn diese sich in einer galvanischen Zelle an den Systemen bei der Einheit der Concentration und ausgehend vom zweiten Systeme aus vollzieht. Als Beispiel wählen wir das Gleichgewicht zwischen dem Ammoniumsulfhydrat und seinen Zersetzungsproducten und drücken dasselbe durch die folgende Formel aus:

$$NH_5S \rightleftarrows NH_3 + H_2S.$$

Dieses Gleichgewicht ist von Herrn *Isambert**) untersucht worden, welcher den Maximaldruck ($p$) der gasförmigen Producte bei gegebener Temperatur bestimmte und Folgendes fand:

| Temperatur ($T$) | Druck ($p$) | Elektromotorische Kraft $E = 4\,Tl\,\frac{124{,}4\,T}{p}$ |
|---|---|---|
| 273 + 9,5 | 175 mm | 5992 Cal. |
| 273 + 25,1 | 501 mm | 5132 - |

[55] Wir wollen jetzt die entsprechenden Werthe von $E$ nach diesen Beobachtungen berechnen. Man hat zunächst:

$$lK = -\frac{E}{2\,T} \quad \text{und} \quad \frac{C_{\prime\prime}^{\Sigma a_{\prime\prime} i_{\prime\prime}}}{C_{\prime}^{\Sigma a_{\prime} i_{\prime}}} = K,$$

und folglich:

$$E = -\,2\,Tl\,\frac{C_{\prime\prime}^{\Sigma a_{\prime\prime} i_{\prime\prime}}}{C_{\prime}^{\Sigma a_{\prime} i_{\prime}}}.$$

Da es sich um gasförmige Systeme handelt, so giebt es:

$$i = 1,\ \Sigma a_{\prime} i_{\prime} = n_{\prime} \ \text{ und } \ \Sigma a_{\prime\prime} i_{\prime\prime} = n_{\prime\prime},$$

Beziehungen, in denen $n_{\prime} = 0$ und $n_{\prime\prime} = 2$ ist, was auf

$$E = -\,4\,Tl C_{\prime\prime}$$

führt, wo $C_{\prime\prime}$ die Concentration des zweiten Systemes ist.

Die Einheit der Concentration des zweiten Systemes wird verwirklicht, wenn 17 kg $NH_3$ und 34 kg $SH_2$ im Cubikmeter vorhanden sind. Nun ist, wenn der Druck des Gemenges $p$ mm ist, derjenige des Ammoniaks allein $\frac{p}{2}$ mm, und unter der Annahme, dass 0,761 g davon den Raum von 1 Liter bei 0° und 760 mm einnehmen, wird die Concentration $C_{\prime\prime}$ zu:

*) Comptes rendus XCII. 919. 48)

$$C_{\prime\prime} = \frac{1}{17} \times 0{,}761 \times \frac{p}{2 \times 760} \times \frac{273}{T} = \frac{p}{124{,}4\,T}.$$

Folglich berechnet sich $E$ nach der Beziehung:

$$E = 4\,Tl\frac{124{,}4\,T}{p}.$$

Der erhaltene Werth, welcher für eine Temperatur von 10° auf ungefähr 6000 steigt, zeigt, dass, wenn in einer galvanischen Zelle sich die Bildung von Ammoniumsulfhydrat bei 10° aus gasförmigem Ammoniak und gasförmigem Schwefelwasserstoff vollzieht und die Zelle von diesen Stoffen bezüglich 17 und 34 kg im Cubikmeter enthält, man eine elektromotorische Kraft von 6000 Calorien, d. h. von ungefähr 0,12 Daniell bekommt[41]).

---

Andererseits ist es auch klar, da die Gleichgewichtsconstante nach der erhaltenen Gleichung mit der elektromotorischen Kraft verknüpft ist, dass jede Bestimmung der elektromotorischen Kraft unter wohl bestimmten Bedingungen zu gleicher Zeit auch zur Kenntniss des Gleichgewichtes führt, welches durch die betreffende Umwandlung angestrebt wird[27]).

Denken wir uns z. B., dass ein Daniellelement eine elektromotorische Kraft von 50300 Calorien bei der Temperatur von 0° C. erzeuge, wenn die verschwindenden und entstehenden Sulfate in der Einheit der Concentration darin sind, d. h. wenn das Kupfer sich darin aus einer Kupfersulfatlösung von 159 kg $CuSO_4$ im Cubikmeter abscheidet und das Zink sich in einer Lösung auflöst, welche schon 161 kg seines Sulfates im Cubikmeter enthält.

Alsdann ist der Endzustand im Gleichgewichte[42]):

[56] $$ZnSO_4 + Cu \rightleftarrows CuSO_4 + Zn$$

vollständig bei 0° bekannt. Man hat nämlich:

$$lK = -\frac{E}{2\,T} \quad \text{und} \quad \frac{C_{\prime\prime}^{\Sigma a_{\prime\prime} i_{\prime\prime}}}{C_{\prime}^{\Sigma a_{\prime} i_{\prime}}} = K,$$

und folglich:

$$l\frac{C_{\prime\prime}^{\Sigma a_{\prime\prime} i_{\prime\prime}}}{C_{\prime}^{\Sigma a_{\prime} i_{\prime}}} = -\frac{E}{2\,T} = -\frac{50300}{2 \times 273} = -92{,}1,$$

eine Beziehung, in welcher ($i_{Cu\,SO_4}$ und $i_{Zn\,SO_4} = 1$):

$$\Sigma a_{\prime\prime} i_{\prime\prime} = \Sigma a_{\prime} i_{\prime} = 1$$

ist, woraus sich ergiebt:

$$l\frac{C_{\prime}}{C_{\prime\prime}} = 92{,}1 \quad \text{und} \quad \frac{C_{\prime}}{C_{\prime\prime}} = 10^{40} \text{ ungefähr;}$$

d. h. in gleichzeitiger Gegenwart von Zink, Kupfer und ihren Sulfaten wird bei 0° dann Gleichgewicht [13]) vorhanden sein, wenn diese beiden Salze in einem bestimmten Verhältniss zugegen sind, nämlich wenn die Concentration des Zinksalzes $10^{40}$ mal grösser ist, als diejenige des Kupfersalzes.

---

Während das Vorstehende die Anwendung der erhaltenen Gleichung in besonderen Fällen behandelt hatte, bleibt nun noch eine allgemeine Beziehung anzugeben, welche jetzt aufgestellt werden darf. Zu diesem Zwecke sei an die Untersuchung von Herrn *Jellet**) erinnert über das Gleichgewicht, welches sich bei gleichzeitiger Gegenwart eines gegebenen Alkaloides und des Chlorhydrates eines anderen herstellt. Indem er hierzu das Chinin (Qu), das Codein (Cd) und das Brucin (Br) wählte, hat er seine Untersuchungen auf die drei Fälle ausgedehnt, welche sich unter diesen Umständen zeigen und welche durch die folgenden Formeln ausgedrückt werden:

1) Gleichgewicht zwischen dem Chinin, Codein und ihren Chlorhydraten:

$$\mathrm{Qu} + \mathrm{Cd} \cdot \mathrm{HCl} \rightleftarrows \mathrm{Cd} + \mathrm{Qu} \cdot \mathrm{HCl}.$$

2) Gleichgewicht zwischen dem Codein, Brucin und ihren Chlorhydraten:

$$\mathrm{Cd} + \mathrm{Br} \cdot \mathrm{HCl} \rightleftarrows \mathrm{Br} + \mathrm{Cd} \cdot \mathrm{HCl}.$$

3) Gleichgewicht zwischen dem Brucin, Chinin und ihren Chlorhydraten:

$$\mathrm{Br} + \mathrm{Qu} \cdot \mathrm{HCl} \rightleftarrows \mathrm{Qu} + \mathrm{Br} \cdot \mathrm{HCl}.$$

Indem er das Verhältniss der beiden Salze in den drei verschiedenen Fällen bestimmte, erhielt Herr *Jellet* das folgende Ergebniss:

---

*) Transact. royal Irish Academy. XXV. 371.

$$1)\ \frac{Qu \cdot HCl}{Cd \cdot HCl} = 2{,}03 \qquad 2)\ \frac{Cd \cdot HCl}{Br \cdot HCl} = 1{,}58$$

$$3)\ \frac{Br \cdot HCl}{Qu \cdot HCl} = 0{,}32\,.$$

[57] und er bemerkte sogleich, dass das Product der drei erhaltenen Werthe sich der 1 nähert. Man hat nämlich in der That:

$$2{,}03 \times 1{,}58 \times 0{,}32 = 1{,}026\,.$$

Es ist nun möglich, jetzt die allgemeine Beziehung anzugeben, welche von Herrn *Jellet* in dem soeben erwähnten besonderen Falle nachgewiesen worden ist. Jedem der drei fraglichen Gleichgewichte entspricht nämlich bei einer gegebenen Temperatur ein Werth von $K$, also bezüglich $K_1$, $K_2$ und $K_3$. Gleichzeitig wird jede der Umwandlungen, welche zu diesem Gleichgewichte führt, wenn sie sich an den beiden Systemen bei der Einheit der Concentration und vom zweiten Systeme ausgehend vollzieht, eine gegebene elektromotorische Kraft, also $E_1$, $E_2$ und $E_3$ je nach dem Falle, erzeugen.[44]) Die erhaltene Beziehung führt also für die drei betrachteten Gleichgewichte zu den folgenden Gleichungen:

$$lK_1 = -\frac{E_1}{2T} \qquad lK_2 = -\frac{E_2}{2T} \qquad lK_3 = -\frac{E_3}{2T},$$

woraus sich ergiebt:

$$lK_1K_2K_3 = -\frac{E_1 + E_2 + E_3}{2T}\,.$$

Wenn man nun beachtet, dass die Summe der elektromotorischen Kräfte, welche durch die drei fraglichen Umwandlungen erzeugt werden, gleich 0 sein muss[45]), weil die Summe der drei Umwandlungen den ursprünglichen Zustand unverändert lässt, so hat man:

$$E_1 + E_2 + E_3 = 0, \quad \text{hieraus } K_1K_2K_3 = 1,$$

d. h. also, dass das Product der Gleichgewichtsconstanten gleich 1 ist. Da dies in jeder Reihe von analogen Gleichgewichten ohne Rücksicht auf die Anzahl der Fälle, welche sie umfasst, ebenso sein wird, so kann das erhaltene Resultat[46]) folgendermassen formulirt werden:

»Das Product der Werthe von $K$ in einem Kreise chemischer Gleichgewichte ist gleich 1.«

Es erübrigt noch zu zeigen, dass die Beobachtung von Herrn *Jellet* als ein Specialfall unter diesen Satz gehört. Beachtet man nämlich hierbei, dass man aus der aufgestellten Beziehung:

$$K_1 K_2 K_3 = 1$$

die von Herrn *Jellet* angegebene Beziehung durch folgende Substitutionen erhält:

$$K_1 = \frac{C''_1{}^{\Sigma a''_1 i''_1}}{C'_1{}^{\Sigma a'_1 i'_1}} \qquad K_2 = \frac{C''_2{}^{\Sigma a''_2 i''_2}}{C'_2{}^{\Sigma a'_2 i'_2}} \qquad K_3 = \frac{C''_3{}^{\Sigma a''_3 i''_3}}{C'_3{}^{\Sigma a'_3 i'_3}},$$

und beachtet man ferner mit Rücksicht auf die Analogie der drei Fälle, dass man annehmen [47]) darf:

$$\Sigma a''_1 i''_1 = \Sigma a''_2 i''_2 = \Sigma a''_3 i''_3 = \Sigma a'_1 i'_1 = \Sigma a'_2 i'_2 = \Sigma a'_3 i'_3$$

woraus sich durch Einsetzen der neuen Gleichungen in die ursprüngliche Beziehung ergiebt:

$$\frac{C''_1}{C'_1} \times \frac{C''_2}{C'_2} \times \frac{C''_3}{C'_3} = 1,$$

und beachtet man ferner:

[58] $$\frac{C''_1}{C'_1} = \frac{Qu \cdot HCl}{Cd \cdot HCl}, \qquad \frac{C''_2}{C'_2} = \frac{Cd \cdot HCl}{Br \cdot HCl},$$

$$\frac{C''_3}{C'_3} = \frac{Br \cdot HCl}{Qu \cdot HCl}$$

so wird man auf die Beziehung geführt, welche auch der Ausdruck der Ergebnisse des Herrn *Jellet* ist.

# Anmerkungen.

1) *Zu S. 3* [3]. *Jacobus Henricus van 't Hoff* wurde*) am 30. August 1852 in Rotterdam geboren und bezog 1869 die technische Hochschule zu Delft, um Technologie zu studiren. Er absolvirte dort 1871 das technologische Examen und siedelte sodann zu rein wissenschaftlichen Studienzwecken an die Universität Leiden über, wo er 1872 das Candidatenexamen bestand. Hierauf verlebte *van 't Hoff* seine Wanderjahre zunächst an den Universitäten Bonn und Paris, wo er in den Laboratorien von *A. Kekulé* und *A. Würtz* arbeitete. Im Jahre 1874 promovirte er zu Utrecht mit der Dissertation: Beitrag zur Kenntniss der Cyanessigsäure und Malonsäure. In demselben Jahre veröffentlichte er zuerst holländisch seine berühmten stereochemischen Grundsätze vom asymmetrischen Kohlenstoffatom unter dem Titel: Voorstel tot Uitbreiding der tegenwoordig in de Scheikunde gebruikte Structuur-Formules in de Ruimte etc. und im Jahre 1875 französisch unter dem Titel: »La chimie dans l'Espace«. Diese Schrift ist später unter der Aegide von *Johannes Wislicenus* von *Herrmann* mit dem Titel: Die Lagerung der Atome im Raume deutsch herausgegeben worden und ist, obwohl zuerst vielfach angegriffen, grundlegend für die weitere Entwickelung der Chemie geworden.

Ueber diese glänzende Entfaltung der Stereochemie vgl. *van 't Hoff*, Die Lagerung der Atome im Raume. Braunschweig 1908. *P. Walden*, Fünfundzwanzig Jahre stereochemischer Forschung. Naturwissenschaftl. Rundschau. 1900. S. 145. *A. Werner*, Neuere Anschauungen auf dem Gebiete der anorg. Chemie.

*) Diese biographischen Daten sind entnommen aus »*Jacobus Henricus van 't Hoff*. Sein Leben und Wirken.« Von *E. Cohen*. Leipzig. Akadem. Verlagsgesellsch. 1912. Daselbst findet man eine ausführliche Bibliographie. Siehe auch den Nachruf von *W. Ostwald* in Ber. d. Deutsch. Chem. Ges. **44**, 2219 (1911) und den des Herausgebers in Zeitschr. f. angew. Chemie **24**, 1074 (1911).

Braunschweig 1913. Im Jahre 1876 wurde J. H. *van 't Hoff* Docent an der Reichs-Thierarzneischule in Utrecht, wo er seine »Ansichten über organische Chemie« verfasste, ein Buch, in welchem er dem allgemeinen Zusammenhang zwischen Constitution und chemischen Eigenschaften der organischen Stoffe nachzuforschen beginnt und wo bereits das quantitative Problem: »Was wird unter bestimmten Umständen nach bestimmter Zeit die Folge des Zusammenbringens einer Verbindung mit bestimmten Mengen anderer, ebenfalls der chemischen Natur nach bekannten Verbindungen sein?« auftaucht. Die Bearbeitung dieser Frage hat er dann in seinen »Etudes de dynamique chimique« (Amsterdam 1884. Vgl. auch die spätere deutsche Ausgabe von *E. Cohen*, Studien zur chem. Dynamik. Leipzig 1896) mit dem ganzen Rüstzeug der Experimentalkunst, mathematischen Analyse und Thermodynamik meisterhaft unternommen. In diesem Werke ist die Lehre vom chemischen Gleichgewicht und von der chemischen Reactionsgeschwindigkeit bereits zu grosser Vollendung von ihm entwickelt. Im Herbst 1877 wurde *J. H. van 't Hoff* Lector und im Jahre 1878 Professor der Chemie, Mineralogie und Geologie an der Universität Amsterdam, wo er bis zum Jahre 1895 erfolgreich wirkte und wo auch seine in diesem Klassikerbändchen enthaltene, für die physikalische Chemie so fundamentale »Theorie der Lösungen« entstand. Im Jahre 1896 siedelte er als Mitglied der Kgl. preussischen Akademie der Wissenschaften und Professor an der Universität Berlin nach Charlottenburg über, wo er seine »Vorlesungen über theoretische und physikalische Chemie« (Braunschweig 2. Aufl. 1901—1903) in drei Theilen veröffentlicht hat. Seit dem Jahre 1887 war er in Gemeinschaft mit *W. Ostwald* Herausgeber der Zeitschrift für physikalische Chemie. 1897 erschienen seine »Vorlesungen über Bildung und Spaltung von Doppelsalzen« (Leipzig. W. Engelmann 1897), in welchen bereits einige Stassfurter Salze behandelt sind. In den Jahren 1897—1908 führte *van 't Hoff* mit zahlreichen Mitarbeitern, namentlich aber in Gemeinschaft mit dem zu früh verstorbenen *W. Meyerhoffer*, seine gross angelegten »Untersuchungen über die Bildungsverhältnisse der ozeanischen Salzablagerungen, insbesondere des Stassfurter Salzlagers« aus, welche zuerst in 52 Abhandlungen der Sitzungsberichte der Kgl. Preussischen Akademie der Wissenschaften erschienen. Gesammelt sind diese Untersuchungen neuerdings von *H. Precht* und *E. Cohen* (mit einer lesenswerten Gedächtnisrede von

*E. Fischer*) herausgegeben (Leipzig, Akadem. Verlagsgesellsch. 1912). Durch sie gesellte er »zum Ruhm des schöpferischen Theoretikers nun auch den Lorbeer des geschickten, sorgfältigen und ausdauernden Experimentators«. Eine Uebersicht über diese Untersuchungen besitzen wir in zwei Bänden aus der Feder *van 't Hoff*'s selbst (Braunschweig. Vieweg u. Sohn. 1905 u. 1909.). Sie sind grundlegend für eine exakte chemische Petrographie der Zukunft.

Im Jahre 1906 wurde *van 't Hoff* von schwerer Krankheit befallen, der er am 1. März 1911 erlag.

Die Bedeutung *van 't Hoff*'s möge hier in den Worten *Emil Fischer*'s (l. c.) wiedergegeben werden: »Wenn ich schliesslich *van 't Hoff*'s Leistungen als Ganzes kennzeichnen soll, so trage ich kein Bedenken, ihn den grössten Theoretiker der Chemie in der zweiten Hälfte des 19. Jahrhunderts zu nennen. Durch die Stereochemie hat er seinen Namen neben den von *Pasteur* und *Kekulé* gesetzt. Mit den Studien zur chemischen Dynamik war er an die Seite der grossen Thermodynamiker, insbesondere von *Helmholtz* und *Gibbs* getreten, und mit der Lehre vom osmotischen Druck hat er dem Gedanken *Avogadros* die allgemeine Bedeutung verschafft«.

Die in diesem Klassikerbändchen abgedruckten drei Abhandlungen sind der Kgl. schwedischen Akademie der Wissenschaften am 14. October 1885 in französischer Sprache vorgelegt worden. Einen kurzen Auszug aus den ersten beiden Abhandlungen hat *van 't Hoff* in der Zeitschrift für physikalische Chemie 1. 481 (1887) veröffentlicht.

Die Anmerkungen 3a), 5a) und 6a) verdankt der Herausgeber dem Verfasser, mit dessen Einwilligung auch einige unwesentliche Druckfehler u. s. w. des Orginales beseitigt sind. Die Citate von Lehrbüchern und Originalen wurden in den folgenden Anmerkungen meistens so gewählt, dass sie den Studirenden leicht zugänglich sind.

Die erste Abhandlung bespricht die Gesetze des chemischen Gleichgewichtes in Gasen und verdünnten Lösungen unter Anwendung der Thermodynamik. Die Gesetze des chemischen Gleichgewichtes waren freilich schon früher quantitativ behandelt worden*) besonders von *Guldberg* und *Waage* (Diese Klassikerausgabe, Unters. über die chemischen Affinitäten,

---

*) Eine übersichtliche Geschichte dieses Theiles der Verwandtschaftslehre vgl. *Ostwald*, Lehrb. d. allg. Chemie (2. Aufl.) 2. (2) S. 104.

herausgegeben von *R. Abegg*, Bd. 104), aber wesentlich nach der Theorie der activen Menge, wo das Gleichgewicht als das Resultat zweier gleicher und entgegengerichteter Kräfte betrachtet wird. Auch die Lehren der Thermodynamik waren bereits auf chemische Probleme angewandt worden: So hatte schon *A. Horstmann* (1869, Diese Klassiker No. 137) den zweiten Hauptsatz der Thermodynamik durch Einführung des Entropiebegriffes von *Clausius* auf die chemischen Gleichgewichte von Gasen erfolgreich angewandt, konnte aber seine Betrachtungen für Lösungen nicht zu derselben Vollendung führen, da ihm für Lösungen die Abhängigkeit der Entropie von der Verdünnung nicht wie bei den Gasen bekannt war, obwohl er die später von *van 'tHoff* entdeckte und in den hier abgedruckten Abhandlungen dargelegte Analogie von Lösungen und Gasen bereits geahnt hat. Auch für das Gleichgewicht in Lösungen waren schon wichtige Anwendungen der Thermodynamik von *H. von Helmholtz* (1882, Diese Klassiker No. 124) und von *Kirchhoff* (Poggend. Ann. **104** (1856), Ges. Abh. S. 492) vorhanden, aber diese Betrachtungen über die freie Energie der Lösungen setzen die Kenntnisse der Partialdrucke der Bestandtheile, also einer mit dem zu untersuchenden System im Gleichgewicht befindlichen Gasphase voraus. Der Fortschritt, der in den hier vorliegenden Abhandlungen von *van 't Hoff* gemacht ist, besteht darin, dass er für verdünnte Systeme eine solche Kenntniss der Dampfdruckänderung durch Concentrationsänderung des gelösten Stoffes entbehrlich macht, da man mit Hilfe des von *van 'tHoff* für den osmotischen Druck der Lösung nachgewiesenen *Boyle-Gay Lussac*'schen und *Avogadro*'schen Gesetzes die Abhängigkeit des Dampfdruckes von der Concentration aus der chemischen Formel voraussagen und daher die beim Verdünnen gewinnbare maximale Arbeit wie bei den gasförmigen Systemen vorausberechnen kann. Freilich war auch hier nur in gewissen Fällen Uebereinstimmung vorhanden, die in einigen abweichenden Fällen, nämlich bei Salzen, Säuren und Basen, zwar durch Einführung der empirischen Activitätscoefficienten $i$ erreicht werden konnte, bei den meisten Elektrolyten aber erst durch Anwendung der Ionentheorie allgemeiner durchgeführt worden ist. Die elektrolytische Dissociationstheorie von *Arrhenius* hat nämlich durch ein zahlreiches quantitatives Versuchsmaterial gelehrt, dass man die Grösse $i$ durch elektrische und andere Messungen in Uebereinstimmung mit der Erfahrung vorausberechnen kann. (Vgl. *van 'tHoff*, Vorlesungen I und II. *Ostwald*,

Grundriss der allgem. Chemie 4. Aufl. *Nernst,* Theoret. Chemie 7. Aufl. *Le Blanc,* Elektrochemie 6. Aufl.) Erst seitdem *van 'tHoff* in den hier vorliegenden Abhandlungen die freie Energie bezw. Entropie von Lösungen als Function ihrer Concentration berechnen gelehrt hat und seitdem *Arrhenius*, *Ostwald* und *Nernst* gezeigt haben, wie auch die aus elektrischen Grössen vorausberechenbaren Concentrationen der Ionen in die *van 'tHoff*'schen Gleichungen einzusetzen sind, hat sich die Gleichgewichtslehre für Lösungen ausbauen lassen und ist sogar für diese durch eine sehr viel grössere Anzahl von Versuchen gestützt worden, als die alte Dissociationstheorie für gasförmige und andere Systeme. (Vgl. Zeitschr. f. physik. Chem. 1—89 und Jahrbuch d. Electrochemie 1—16.)

Als eine schon früher von ihm angedeutete (Etudes de dynamique chimique S. 180 (1884)) Methode, um die beim Verdünnen eines gelösten Stoffes, resp. bei der Herstellung von Gemischen zu gewinnende maximale Arbeit zu messen, führt *van 'tHoff* die Messung resp. Berechnung des osmotischen Druckes ein, welchem er in den thermodynamischen Formeln dieselbe Rolle ertheilt, die in gasförmigen Systemen den Partialdrucken der Gase zukommt. Zunächst zeigt er an den Versuchen von *Pfeffer* und *de Vries,* dass zwischen dem osmotischen Drucke und der Concentration eines gelösten Stoffes dieselbe Proportionalität bei constanter Temperatur besteht wie nach *Boyle* zwischen dem Druck und der Concentration eines Gases. Aus dieser Beziehung und der Voraussetzung, dass die Verdünnungswärme der Lösung Null ist, leitet er alsdann für den osmotischen Druck auch Proportionalität mit der absoluten Temperatur, also die Gültigkeit des Gesetzes von *Gay-Lussac* auch für gelöste Stoffe ab, das er ebenfalls durch directe Messungen von *Pfeffer* experimentell bestätigen kann. Somit erhält er eine den Gasgesetzen zunächst nur rein formell analoge Beziehung zwischen osmotischem Druck $P$, der Temperatur $T$ und der Verdünnung $V$ der Lösungen von der Form

$$PV = (iR)\,T,$$

worin die Grösse $iR$ eine einem jeden Stoffe eigenthümliche Constante ist. Diese formelle Analogie zu den Gasen aber ermöglicht es, die Gleichgewichtsbedingungen für verdünnte gelöste Systeme auf dieselbe Form wie für gasförmige zu bringen.

Zur Bestimmung der Grösse $iR$ pro Moleculargewicht setzt er zunächst für $R$ denselben Werth wie bei Gasen ein und sucht den Factor $i$ experimentell aus dem osmotischen Drucke bei gegebenem Volumen und gegebener Temperatur zu bestimmen oder aus anderen experimentell messbaren Grössen zu berechnen, welche sich ihm als bekannte Functionen des osmotischen Druckes ergeben. Anstatt die Trennungsarbeit auf osmotischem Wege auszuführen, trennt er nämlich das Lösungsmittel vom gelösten Stoffe auch durch Ausfrieren oder nach dem Vorgange von *Kirchhoff* und *Helmholtz* durch Verdampfen. Da diese letzteren maximalen Arbeiten sich aus der Gefrierpunktserniedrigung und aus der Dampfdrucksverminderung thermodynamisch berechnen lassen und da diese Arbeiten, da sie denselben Endzustand erzeugen, auch denselben Betrag haben müssen, wie die osmotische Arbeit, so vermag *van 'tHoff* die osmotische Arbeit indirect aus der Gefrier- und Verdampfungsarbeit und somit auch $i$, den Coefficienten von $R$, zu berechnen.

In der zweiten hier übersetzten (S. 62 [42]) Abhandlung: »Eine allgemeine Eigenschaft der verdünnten Materie« zeigt *van 't Hoff*, dass nach den ebengenannten Methoden die Grösse $i$ bei einer grossen Anzahl von Stoffen den Werth 1 erhält, dass also auch für den osmotischen Druck molecularer Mengen die Gasgleichung

$$PV = RT$$

gilt, dass also $R$ für ein Kilogrammmoleculargewicht solcher gelöster Stoffe denselben numerischen Werth wie im Gaszustande besitzt. Hierdurch ist es wie gesagt dem Chemiker ermöglicht worden, den osmotischen Druck eines gelösten Stoffes aus seiner chemischen Formel vorauszuberechnen, ebenso wie man bisher den Gasdruck resp. die Dampfdichte gasförmiger Stoffe nach dem *Avogadro*'schen Satze hatte berechnen können. Umgekehrt kann man demnach auch aus der Grösse des osmotischen Druckes oder aus einer davon in bekannter Weise abhängigen, leicht zu messenden Grösse, wie aus der Gefrierpunktserniedrigunng oder aus der Dampfdruckverminderung des Lösungsmittels, das Moleculargewicht des gelösten Stoffes ebenso berechnen, wie aus seiner Dampfdichte.

Dass äquimoleculare Mengen verschiedener Stoffe sowohl den Gefrierpunkt wie den Dampfdruck desselben Lösungsmittels um gleichviel erniedrigen, hatte *Raoult* bereits vorher rein empirisch gefunden. Den Zusammenhang dieser Gesetzmässigkeit aber mit dem osmotischen Drucke und ihre thermodynamische

Bedeutung hat erst *van 't Hoff* aufgedeckt und gleichzeitig gelehrt, wie man die Gefrierpunktserniedrigung aus dem Molekulargewicht des gelösten Stoffes, seiner Concentration, der Schmelzwärme des Lösungsmittels und der absoluten Temperatur vorausberechnet. Auf diesem Wege wurde sogar eine ältere irrige empirische Formel von *Raoult* durch die richtigere Formel von *van 't Hoff* ersetzt.

Die Gültigkeit der von *van 't Hoff* hier aufgestellten Beziehungen zwischen Concentration und Gefrierpunkts- und Dampfdruckerniedrigung hat sich in zahlreichen Messungen erwiesen, ausserdem auch noch für andere damit in Zusammenhang stehende Grössen, z. B. an der molecularen Siedepunktserhöhung (*Arrhenius-Beckmann*, Zeitschr. f. phys. Chem. **4**, 550; **6**, 437), an der relativen Löslichkeitserniedrigung eines Lösungsmittels durch Zusatz eines gelösten Stoffes nach *Nernst* (Zeitschr. f. phys. Chem. **6**, 16. 1890; vgl. *van 't Hoff*, Ueber die Theorie der Lösungen. Stuttgart 1900; *van 't Hoff*, Vorlesungen II, S. 19—51) und sogar an galvanischen Concentrationsketten (*G. Meyer*, Zeitschr. f. phys. Chem. **7**, 447. 1891; *Le Blanc*, Lehrb. d. Elektrochemie 6. Aufl. S. 181). Vgl. auch *van 't Hoff*, Ber. d. deutschen chem. Gesellschaft **27**, 6: »Wie die Theorie der Lösungen entstand«.

2) *Zu S. 5* [4]. Diese Aehnlichkeit ist bereits von *Horstmann* in Liebig's Annalen d. Chem. u. Pharm. **170**, 205 (1873), Diese Klassiker Nr. 137, S. 37 geahnt, aber nicht weiter verfolgt worden.

3) *Zu S. 10* [7]. *M. Traube*, Centralblatt f. d. med. Wissenschaften 1864. No. 39 u. 1866 No. 7 u. 8. (*Reichert*'s und *du Bois-Reymond*'s Archiv f. Anatom. u. Physiol. 1867, 87, Gesamm. Abh. S. 200—326) hat wohl zuerst solche halbdurchlässige Membranen künstlich hergestellt, indem er zwei Lösungen, welche Niederschläge mit einander bilden können, in geeigneter Weise mit einander in Berührung brachte. An der Grenzfläche bildet sich dann aus dem Niederschlage eine solche Membran. Nach *Pfeffer* wurden solche Membranen auch von *Adie* (Chem. Soc. Journ. 1891 S. 344), *Tammann* (Wied. Ann. **34**, 299), *Walden* (Zeitschr. f. physik. Chem. **10**, 699), *Ladenburg* (Ber. d. d. chem. Ges. **22**, 1225), *Ponsot*, Compt. rend. **125**, 867) u. a. näher, besonders erfolgreich neuerdings von *H. N. Morse* u. seinen Mitarbeitern (Amer. Chem. Journ. 1902—13), vergl. auch die Monographie: »Osmot. Druck« von *Al. Findlay*. Dresden 1914, untersucht.

3 a) *Zu S. 12* [8]. Diese Beweisführung ist durch eine kinetische zu ersetzen. *v. H.*

4) *Zu S. 13* [9]. Eine Abhandlung von *de Vries* hierüber findet man auch in der Zeitschr. f. physik. Chem. **2**, 414 (1888). Nach dem gleichen Principe ist nachher auch der osmotische Druck von Lösungen durch Plasmolyse der rothen Blutkörperchen gemessen worden. Vergl. *Hamburger*, Zeitschr. f. physik. Chem. **6**, 319 (1890), *W. Loeb*, **14**, 424, *Köppe* **16**, 261, **17**, 552, *Hedin* **17**, 164, **21**, 272, *E. Cohen*, Vorträge f. Aerzte über physik. Chem. 2. Aufl. 1907 Leipzig. *R. Hoeber*, Physikal. Chem. d Zelle u. Gewebe. Leipzig 4. Aufl. 1914.

5) *Zu S. 15* [10]. D. h. wenn die Verdünnungswärme Null geworden ist. Vergl. S. 19. Für den Fall, dass die Verdünnungswärme nicht Null ist, vergl. *Th. Evan*, Ztschr. f. physik. Chem. **14**, 409. **31**, 22, *Abegg*, ibid. **15**, 244, *Noyes* **23**, 56, **28**, 220, *Dieterici*, Wied. Ann. **52**, 263, *Nernst*, ebenda **53**, 57. Theoret. Chem. (7. Aufl.) S. 158 – 164.

5 a) *Zu S. 16* [11]. Diese Uebereinstimmung wird noch besser, falls die Ausdehnung der Lösung berücksichtigt wird. *v. H.*

6) *Zu S. 17* [11], und bei gleichem Drucke. Das von *Soret* untersuchte Phänomen ist zuerst von *C. Ludwig* beobachtet worden. Vergl. *Abegg*, Zeitschr. f. physik. Chem. **26**, 161. In einer neueren Untersuchung (ibid. **26**, 187) hat *Arrhenius* durch Versuche festgestellt, dass die Theorie von *van 't Hoff* für diese Erscheinung quantitativ nicht immer genügt. Vergl. auch *Nernst*, Theoret. Chem. (7. Aufl.) S. 801. *Bredig*, Zeitschr. f. physik. Chem. **23**, 545. *H. Wessels*, ebenda **87**, 215. *A. Eilert*, Zeitschr. f. anorg. Chem. **88**, 1.

6 a) *Zu S. 17* [12]. Bei der theoretischen Ableitung ist angenommen, dass die Anziehung des Lösungsmittels auf das Gelöste nicht von der Temperatur abhängt. *v. H.*

7) *Zu S. 21* [14]. Unter »condensirten« Stoffen versteht der Verf. solche, welche während der Reaction ihre Concentration nicht ändern, also Phasen constanter Concentration, zumeist feste Stoffe wie z. B. auf S. 4 festes $CaCO_3$ und $CaO$.

8) *Zu S. 23* [15]. Diese Numerirung der einzelnen Vorgänge ist in der Figur 3 an den Pfeilen angegeben. Vergl. auch: *van 't Hoff*, Vorlesungen I, 101. *Nernst*, Theoret. Chem. 7. Aufl. S. 677.

9) *Zu S. 31* [20]. In echt naturwissenschaftlicher Weise drückte *van 't Hoff* die damals unerklärliche numerische Abweichung der Constante *R* in Lösung von dem analogen Werthe

für Gase ohne weitere Hypothesen rein analytisch durch den empirischen Coefficienten $i$ aus, dessen Bedeutung erst später namentlich durch die elektrolytische Dissociationstheorie von *Arrhenius* aufgeklärt worden ist. Wie man sieht, behandelt hier *van 't Hoff* die Grösse $i$ als eine dem zugehörigen Stoffe specifische Constante, welche unabhängig von Temperatur und Concentration ist. Für sehr verdünnte Lösungen starker Elektrolyte ist dies auch zulässig, wie *Arrhenius* später gezeigt hat. Gleichzeitig aber hat *Arrhenius* gelehrt, wie man die Grösse $i$ aus der elektrischen Leitfähigkeit vorausberechnen kann, und dass die Grösse $i$ häufig noch Concentrations- und Temperaturfunction ist. Nach *Arrhenius* ist ein in Wasser elektrolytisch leitender Stoff schon ohne elektrischen Strom erheblich in positiv und negativ geladene Bruchtheile, in seine »Ionen« dissociirt, Chlorammonium zum Beispiel nach der Reactionsgleichung

$$NH_4Cl \rightleftarrows NH_4^+ + Cl^- .$$

Der Vorgang hat sein (nur) formelles Analogon in der nichtelektrolytischen, damit nicht identischen Dissociation von Chlorammonium nach der Reactionsgleichung

$$NH_4Cl \rightleftarrows NH_3 + HCl .$$

Von den Ionen übt ebenfalls jedes einzeln osmotischen Druck aus, wie gewöhnliche chemische Individuen von derselben Molecularconcentration. Da nur die Ionen den elektrischen Strom transportieren, nicht aber die ungespaltenen Molekeln, so ist die elektrische Leitfähigkeit der Lösung nach *Arrhenius* ein Maass der Ionenconcentration darin. Nach *Arrhenius* ist daher

$$i = 1 + (z - 1)\frac{\mu_v}{\mu_\infty},$$

wo $\mu_v$ die moleculare Leitfähigkeit des betreffenden Stoffes bei der Verdünnung $V$ und $\mu_\infty$ dieselbe Leitfähigkeit bei unendlicher Verdünnung ist, bei welcher die meisten Elektrolyte vollständig in Ionen zerfallen sind. $z$ bedeutet die Anzahl der Ionen, in die ein Molekül des Elektrolyten bei völliger Dissociation zerfällt. Vergl. *Arrhenius*, Zeitschr. f. physik. Chem. 1, 631 (1887). *Ostwald*, Grundr. der allgem. Chem. (4. Aufl.) 213, 437. *van 't Hoff*, Vorlesungen I 112. II 54. *Nernst*, Theoret. Chem. (7. Aufl.) 380—424. *Le Blanc*, Lehrb. d. Elektrochem. 6. Aufl. S. 49 u. a. O. Nun ist aber $\frac{\mu_v}{\mu_\infty} = x$, der elektrolytische Dissociationsgrad, selbst noch eine Verdünnungsfunction und daher auch $i$.

*W. Ostwald* (1888) hat sodann durch Vereinigung der thermodynamischen Gleichgewichtsgesetze *van 't Hoff's* mit der elektrischen Dissociationstheorie von *Arrhenius* zuerst nachgewiesen, dass man bei der Dissociation in Ionen dieselbe thermodynamische Verdünnungsfunction anwenden darf, wie sie nach *van 't Hoff* für gewöhnliche chemische Reactionen gilt. So besteht z. B. die elektrolytische Dissociation der Essigsäure in ihre Ionen in der Reaction:

$$CH_3 \cdot CO_2H \rightleftarrows CH_3 \cdot CO_2{}^- + H^+ .$$

*Ostwald* wandte nun die *van 't Hoff*'sche Gleichgewichtsformel auf obige Reaction an und erhielt so

$$\frac{C_{H^+} \cdot C_{CH_3.CO_2^-}}{C_{CH_3.CO_2H}} = k,$$

woraus sich,

$$\left(\text{da } C_H{}^+ = \frac{x}{V};\ C_{CH_3.CO_2}{}^- = \frac{x}{V} \text{ und } C_{CH_3.CO_2H} = \frac{(1-x)}{V} \text{ ist,}\right)$$

ergiebt:

$$\frac{x^2}{V(1-x)} = k = \frac{\mu_v{}^2}{\mu_\infty(\mu_\infty - \mu_v)V} .$$

Dies ist das in sehr zahlreichen Fällen bewährte *Ostwald*'sche Verdünnungsgesetz für schwache Elektrolyte, welche nur in zwei Ionen zerfallen. Setzt man den hiernach berechneten Werth von $x$ in obige Gleichung für $i$ (mit $n = 2$) ein, so erhält man $i$ als Function von $V$ und $k$, nämlich:

$$i = 1 + \frac{\sqrt{V^2k^2 + 4Vk} - Vk}{2}$$

(Vgl. *Ostwald* Zeitschr. f. phys. Chem. **2**, 36, 270. Grundriss d. allgem. Chem. [4. Aufl.] S. 447—478.) Man kann hier also $i$ bei allen Verdünnungen vorausberechnen, wenn man seinen Werth bei einer einzigen Verdünnung kennt. Bei starken Elektrolyten, d. h. solchen, welche schon bei gewöhnlichen Concentrationen nahezu vollständig in ihre Ionen gespalten sind, bei denen also $\frac{\mu_v}{\mu_\infty}$ nahe gleich 1 ist, scheint sehr häufig eine andere Verdünnungsfunction von $x = \frac{\mu_v}{\mu_\infty}$ zu gelten. Am besten stimmt hier die von *van 'tHoff* später aufgestellte Beziehung (Zeitschr. f. phys. Chem. **18**, 300):

$$\frac{x^3}{(1-x)^2 V} = k \cdot$$

(Vgl. auch *Rudolphi* ibid. **17**, 385; *F. Kohlrausch* ibid. **18**, 662.) Dieselbe besitzt aber bisher nicht wie die Formel *Ostwald*'s eine thermodynamische Ableitung, sondern ist rein empirisch aufgestellt. Siehe dagegen *H. Jahn*, ibid. **33**, 545. *Le Blanc*, Lehrb. d. Elektrochem. 6. Aufl. S. 109. *Kraus* u. *Bray*, Chem. Centralbl. 1913. II 2078.

10) *Zu Seite 33* [21]. Die allgemeinere Ableitung dieses Satzes ergiebt nach *Nernst*, dass der Verteilungscoefficient $K$ eines Stoffes in zwei Phasen folgendem Gesetze unterliegt:

$$\frac{C_{,,}^{A}}{C_{,}^{B}} = K = \text{const.},$$

wo $C_{,}$ die Concentration des gelösten Stoffes in der ersten Phase und $C_{,,}$ seine Concentration in der angrenzenden zweiten Phase bedeutet und der Exponent $A$ sich zum Exponenten $B$ verhält, wie das Moleculargewicht des gelösten Stoffes in der ersten Phase zum Molekulargewicht desselben in der zweiten Phase. Vgl. *Nernst*, Theoret. Chem. (7. Aufl.) S. 521—528 und 680, *van 'tHoff*, Vorlesungen II, 45.

11) *Zu S. 33* [22]. Vgl. auch *van 'tHoff*, Zeitschr. f. phys. Chem. 1, 494; Vorlesungen II, 36—40; *Arrhenius*, Zeitschr. f. phys. Chem. **3**, 115; *Ostwald*, Grundr. d. allgem. Chem. (4. Aufl.) S. 204.

12) *Zu S. 36* [24]. Dieser Beweis ist völlig analog dem von *Guldberg* (Compt. rend. **70**, 1349 [1870]) gegebenen, dass Lösungen, welche denselben Gefrierpunkt zeigen, auch denselben Partialdruck in Bezug auf das Lösungsmittel zeigen müssen. Vgl. *Ostwald*, Grundr. d. allg. Chem. (4. Aufl.) S. 208.

13) *Zu S. 43* [28]. Vgl. diese Klassiker Nr. 104.

14) *Zu S. 44* [29]. Es ist das zweifellose Verdienst der vorliegenden Abhandlung, zuerst auf den Unterschied der Formeln hingewiesen zu haben, welchen man in gewissen Fällen erhält, je nachdem man zum Einsetzen in die *Guldberg-Waage*'sche Gleichung die Concentrationen resp. activen Mengen nur aus den stöchiometrischen Mengen oder aus den osmotischen Drucken resp. aus Functionen (wie Gefrierpunktserniedrigung, Dampfdruckerniedrigung) davon (also unter Einführung von $i$ als Ex-

ponent) berechnet. Die Ionentheorie von *Arrhenius*, *Ostwald* und *Nernst* hat aber später für Elektrolyte diesen Gegensatz von *van 't Hoff*'s osmotischer Theorie und *Guldberg-Waage*'s Massengesetz beseitigt. Setzt man nämlich für $C_1$, $C_2$, $C_3$, $C_4$ etc. in die *Guldberg-Waage*'sche Formel die Concentrationen der Ionen, wie sie aus elektrischen Leitfähigkeitsmessungen und Gefrierpunktsmessungen etc. ermittelt werden können, und für $a_1$, $a_2$, $a_3$, $a_4$ die Anzahl der Ionen, die sich nach der Reactionsgleichung an der Reaction betheiligen, bringt man also mit anderen Worten die Ionen mit ihrem osmotischen Drucke wie gewöhnliche individuelle chemische Stoffe in Rechnung, so bleibt sowohl das *Guldberg-Waage*-Gesetz für die Ionen richtig, als auch die Forderung *van 't Hoff*'s erfüllt, dass die Summe aller osmotischen Arbeit bei seinem Kreisprocesse (S. 23 [**15**]) Null bleibt. Die Grösse $i$ fällt dann aus den Exponenten fort, wie wir noch weiter unten sehen werden. Vgl. *van 't Hoff*, Vorlesungen I, 112—149; *Nernst*, Theoret. Chem. 7. Aufl. S. 537 u. f.; *Ostwald*, Lehrb. d. allgem. Chem. (2. Aufl.) II (2), S. 185—198.

15) *Zu S. 45* [**29**]. Nach der Ionentheorie hat diese Reaction neuerdings folgendes Symbol erhalten:

$$CO_3Ba_{fest} + SO_4^{--} \rightleftarrows SO_4Ba_{fest} + CO_3^{--}.$$

Die Gleichgewichtsbedingung ist dann:

$$\frac{C_{CO_3^{--}}}{C_{SO_4^{--}}} = K,$$

was sich ebenfalls in verdünnten Lösungen sehr nahe mit den Formeln von *Guldberg* und *Waage* sowie von *van 't Hoff* deckt. Vgl. *Nernst*, Lehrb. der theoret. Chem. 7. Aufl. S. 572. Siehe auch *W. Meyerhoffer* Zeitschr. f. phys. Chem. **53**, 513.

16) *Zu S. 46* [**31**]. Hier ist der Vorgang nach der Ionentheorie:

$$CO_3Ba_{fest} + CO_2 + H_2O \rightleftarrows 2(CO_3H)^- + Ba^{++}$$

und folglich die Gleichgewichtsbedingung in verdünnter Lösung:

$$\frac{C^2_{CO_3H^-} \cdot C_{Ba^{++}}}{C_{CO_2}} = K',$$

da ferner

$$C_{CO_3H^-} = 2C_{Ba^{++}},$$

so erhält man ebenfalls:

$$C_{CO_2}^{\frac{1}{3}} = k\,C_{Ba^{++}},$$

also eine im Grenzfall mit der *van 't Hoff'schen* Gleichung identische Form, welche auch von der *Guldberg-Waage*'schen Gleichung in ihrer alten Berechnungsform abweicht. Vgl. *van 't Hoff*, Vorlesungen I, 149, *H. W. Foote*, Zeitschr. f. phys. Chem. **33**, 754. *Bodlaender*, ebenda **35**, 23.

17) *Zu S. 47* [31]. Die Reaction verläuft im Sinne der Ionentheorie wahrscheinlich hauptsächlich nach dem Schema:

$$SO_4^{--} + H^+ \rightleftarrows HSO_4^-.$$

18) *Zu S. 48* [32] und *S. 49* [33]. Im Stile der Ionentheorie ist diese Reaction zu schreiben, vergl. *L. Bruner und I. Zawadzki* Zeitsch. f. anorg. Chem. **65**, 136:

$$ZnS_{\text{fest}} + 2H^+ \rightleftarrows H_2S + Zn^{++}$$

19) *Zu S. 51* [34]. Hier lautet die Ionenreaction wahrscheinlich:

$$CaC_2O_{4\,\text{fest}} + H^+ \rightleftarrows Ca^{++} + C_2O_4H^-.$$

20) *Zu S. 52* [35]. Nach der Ionentheorie ist hier die Reactionsgleichung völlig analog der in Anmerkung 16 für das Bariumsalz gegebenen.

21) *Zu S. 54* [36]. Auch hier nimmt *van 't Hoff* vor Aufstellung der Ionentheorie $i$ als eine Constante an, was nur für vollständig dissociirte Stoffe streng gültig ist. Die Verdünnungs- und Temperaturfunction von $i$ wurde erst später in die *van 't Hoff*sche Formel eingeführt. Vgl. *van 't Hoff*, Zeitschr. f. phys. Chem. **17**, 147; *van Laar* **17**, 546. **25**, 82. **27**, 336. **29**, 159; *Noyes* **26**, 699. **28**, 431; *Goldschmidt* **25**, 91; *Rudolphi* **17**, 277; *Jahn* **17**. 550.

22) *Zu S. 60* [41]. Nach neueren Untersuchungen ist die Formel dieses Doppelsalzes $PbJ_2 \cdot KJ \cdot 2H_2O$. Vgl. Ztschr. f. phys. Chem. **10**, 467.

23) *Zu S. 68* [46] bei gleicher Concentration und gleicher Temperatur im gasförmigen und gelösten Zustande.

24) *Zu S. 68* [46] bei gleicher Concentration und Temperatur. Die Salzsäure ist in der That nach *Arrhenius* im Wasser in Ionen zerfallen.

25) *Zu S. 72* [48]. Neuere Versuche von *Abegg*, *Wildermann*, *Raoult* u. A. haben die Übereinstimmung noch erheblich verbessert. Vgl. *van 't Hoff*, Vorlesungen II, 48.

26) *Zu S. 73* [49]. Dieselbe Beziehung zwischen Schmelzwärme und molecularer Gefrierpunktserniedrigung hat sich dann weiter ebenso in den Arbeiten von *Eykman* (Zeitschr. f. phys. Chem. **3**, 113, 203. **4**, 497), *Beckmann* u. A. bewährt. Vgl.

»Physikal. chem. Tabellen« von *Landolt-Börnstein-Roth* 4. Aufl. S. 791—796. Eine abweichende ältere Formel von *Raoult*, welche die Schmelzwärme nicht enthält, hat sich dagegen nicht bewährt.

27) *Zu S. 74* [50]. Die dritte hier abgedruckte Abhandlung: »Elektrische Bedingungen des chemischen Gleichgewichtes« ist verhältnissmässig spät zu allgemeiner Geltung gekommen, obwohl sie die Fundamentalbeziehung zwischen der chemischen Gleichgewichtsconstante und der elektromotorischen Kraft (allgemeiner der freien Energie) eines chemischen Vorganges enthält. Dies ist auf zwei Umstände zurückzuführen. Um die Anwendung auf wässerige Lösungen von Salzen, Säuren und Basen zu gestatten, in welchen doch die wichtigsten Fälle vorkommen, mußte erst der Begriff der Gleichgewichtsconstante für Elektrolyte anwendbar gemacht werden, was erst mit Hülfe der damals eben aufgetauchten elektrolytischen Dissociationstheorie von *Arrhenius*, insbesondere durch die Arbeiten von *Ostwald* und *Nernst* geschehen ist (vgl. *Le Blanc*, Lehrb. d. Elektrochemie 6. Aufl.). Dann aber mangelte es zur Zeit an der Kenntnis von Reactionen, deren elektromotorische Kraft $E$ und deren chemische Gleichgewichtsconstante $K$ unabhängig von einander gleichzeitig rein experimentell bestimmbar waren, so dass man die von *van 't Hoff* in dieser Abhandlung aufgestellte Beziehung zwischen beiden hätte prüfen können.

Eine Beziehung zwischen der chemischen Gleichgewichtsconstante einer Reaction (der Knallgasreaction $2H_2 + O_2 \rightleftarrows 2H_2O$) und ihrer elektromotorischen Kraft hatte freilich schon *H. v. Helmholtz* implicite aufgestellt, aber dabei wiederum die Zusammensetzung der gasförmigen Phase in Bezug auf die Partialdrucke der elektrolytisch umzuwandelnden und entstehenden Bestandtheile (Knallgas und Wasserdampf) einführen müssen, deren Gleichgewichtswerth seiner ungeheuren Kleinheit wegen (aus der elektromotorischen Kraft, die zur elektrolytischen Zersetzung des Wassers bei 20° nöthig war, berechnet *Helmholtz* die Concentration des sich bei 20° freiwillig aus dem Wasser abspaltenden Knallgases im Gleichgewicht zu $0.2655 \times 10^{-36}$ g pro Cubikcentimeter, *Helmholtz*, Ges. Abhandlungen III, 109) damals auch nicht unabhängig auf chemischem Wege bestimmbar war. Vergl. jedoch die neuere Behandlung dieses Falles bei *Nernst*, Theoret. Chem. (7. Aufl.) S. 771, *Haber*, Thermodynamics of Technical Gas-Reactions New York 1908 S. 326.

*G. N. Lewis*, Zeitschr. f. phys. Chem. **55**, 465. *J. N. Brönsted* ebenda **65**, 84 und 744.

Die Beziehung $-E = 2\,T\,ln\,K$ zwischen der elektromotorischen Kraft $E$ einer reversiblen galvanischen Kette und der chemischen Gleichgewichtsconstante $K$ der in ihr stattfindenden Reaction ist in der vorliegenden Arbeit von *van 't Hoff* für die elektrochemische Einheit der Elektricitätsmenge und für eine Kette gegeben, welche das entstehende und verschwindende System in der Einheit der Concentration enthält. Aus dem Gange des Beweises von *van 't Hoff* entwickelt man aber auch leicht (durch weitere isotherme reversible eventuell osmotische Concentrirung oder Verdünnung von 1 auf $C$) die allgemeine Gleichung für beliebige Reactionen und Concentrationen in der Kette in folgender expliciter Form (*Bredig*, Zeitschr. f. Elektrochemie **4**, 544; *C. Knüpffer*, Zeitschr. f. physik. Chem. **26**, 260; *Nernst*, Theoret. Chem. (7. Aufl.) S. 679, *Le Blanc*, Lehrb. d. Elektrochem. [7. Aufl.] S. 267).

$$X \cdot F \cdot w = RT\left[ln\,K - ln\,\frac{C''_1{}^{n_1''} \times C''_2{}^{n_2''} \times \cdots}{C'_1{}^{n_1'} \times C'_2{}^{n_2'} \times \cdots}\right].$$

Hierin bedeuten:

$X$ die elektromotorische Kraft der Kette in Volts,

$F$ die *Faraday*'sche Constante pro 1 $g$-Aequivalent also 96540 Coulombs,

$w$ die Wertigkeit der Reaction,

$K$ die Gleichgewichtsconstante der in der Kette beim Stromdurchgang stattfindenden elektrolytischen Reaction,

$C''$ und $C'$ die in der reversiblen Kette von der elektromotorischen Kraft $X$ vorhandenen Concentrationen der beim Arbeiten der Kette entstehenden und verschwindenden Stoffe,

$n''$ und $n'$ die Anzahl $g$-Molen des zugehörigen Stoffes, welche bei Durchgang der Elektricitätsmenge $F \cdot w$ Coulombs entstehen oder verschwinden.

$R$ die Gasconstante in elektrischen Einheiten $= \left(\frac{1,995}{0,2394}\right)$,

$T$ die absolute Temperatur.

Zu bemerken ist noch, dass die obige Gleichung nur für verdünnte Stoffe, also Gase und verdünnte Lösungen gültig ist. Phasen von constanter Zusammensetzung (reine Metalle und feste Bodenkörper etc.) brauchen nicht mitgerechnet zu werden. Die Ionen sind als individuelle Stoffe zu rechnen.

Wie man sieht, gestattet die obige Gleichung, die sogenannte »Reactionsisotherme«, auch ohne Kenntniss des ersten

Gliedes $K$ infolge des zweiten Gliedes der rechten Seite sofort vorauszuberechnen, wie sich $X$ ändert, wenn man in der Kette die Concentration der bei Stromdurchgang verschwindenden und auftretenden Stoffe willkürlich ändert. Man braucht sich zu diesem Zwecke nur zwei Ketten von gleichem Bau, aber mit verschiedenen Concentrationen gegeneinander geschaltet zu denken. Nach dieser Seite hin hat die *van 't Hoff*'sche Gleichung zahlreiche Bestätigung erfahren, sowohl in den wichtigen Arbeiten von *W. Nernst* (Ztschr. f. physik. Chem. **4**. S. 147 1889) über die elektromotorische Wirksamkeit der Ionen, als auch bei den Reductions- und Oxydationsketten durch *R. Peters* u. *W. Schaum* (vgl. Anmerkung 32). *Le Blanc*, Lehrb. d. Elektrochem. (6. Aufl.) S. 265 u. 172—275.) Sind die Dampfspannungen des Lösungsmittels oder der gelösten Stoffe bekannt, so kann man den elektrischen Vorgang anstatt durch Osmose auch durch isotherme Rückdestillation des Lösungsmittels oder der gelösten Stoffe von der einen Kette in die andere rückgängig machen und gelangt dann zu der schon früher von *Helmholtz* (l. c.) und einer später von *Nernst* (Theoret. Chem. 1. Aufl. S. 102, 7. Aufl. S. 768) entwickelten Form, welche besonders für Ketten mit concentrirten Gemischen und für die Theorie des Blei-Schwefelsäureaccumulators wichtig ist (*J. Moser*. Wiedemann's Annalen **14**, 62. 1881, *F. Dolezalek*. Zeitschr. f. physik. Chem. **26**, 321, Zeitschr. f. Elektrochem. **4**, 349. **5**, 533, Wiedemann's Ann. **65**, 894, 1898; *Luther*, Zeitschr. f. phys. Chem. **19**, 529; *Gahl*, Zeitschr. f. physik. Chem. **33**, 178).

Die durch die *van 't Hoff*'sche Gleichung ermöglichte Vorausberechnung der elektromotorischen Kraft $X$ eines chemischen Vorganges aus seiner rein chemisch bestimmten Gleichgewichtsconstanten $K$ (u. umgekehrt) ist erst in jüngster Zeit praktisch durchgeführt worden.

Zuerst wurde nach *W. Ostwald* (Zeitschr. f. physik. Chem. **11**, S. 521, *Arrhenius* ibid. **11**, S. 805, *Nernst* ibid. **14**, 155, *Löwenherz*, ibid. **20**, 293; *Le Blanc*, Lehrbuch der Elektrochemie [6. Aufl.] S. 205 aus der elektromotorischen Kraft der Kette:

| | | | |
|---|---|---|---|
| Wasserstoffgas-elektrode | Salzsäure | Natronlauge | Wasserstoffgas-elektrode |

für die elektrolytische Dissociation des Wassers in seine Ionen bei 25° (Vgl. *Nernst*, Theoret. Chem. (7. Aufl.) S. 549)

$$H_2O \leftrightarrows H^+ + OH^-$$

die Gleichgewichtsconstante $K = 1,4 \times 10^{-14}$ berechnet, während *Wys*, *Arrhenius* und *Kohlrausch* mit verschiedenen davon unabhängigen analytischen Methoden fanden $K = 1,2 \times 10^{-14}$. Vergl. *Lundén*, Affinitätsmessungen. Stuttgart 1908.

Für den Auflösungsvorgang $AgCl_{fest} \rightleftarrows Ag^{+} + Cl^{-}$ wurde aus der elektromotorischen Kraft der Kette:

| | | | |
|---|---|---|---|
| Silber-elektrode | $\frac{1}{10}$ KCl-Lösung gesättigt mit Chlorsilber | $\frac{1}{10}$ normale Silbernitratlösung | Silber |

von *Goodwin* (Zeitschr. f. phys. Chem. **13**, 577) nach einer von *Ostwald* angegebenen Methode (Lehrb. [2. Aufl.] II [1] S. 878) die Gleichgewichtsconstante

$$K = (1,3 \cdot 10^{-5})^2 \text{ berechnet,}$$

während *Kohlrausch* und *Rose* auf analytischem Wege $K = (1,4 \cdot 10^{-5})^2$ bei 25° fanden. (Vgl. *Le Blanc*, Lehrb. d. Elektrochem. [6. Aufl.] S. 199.)

Aus der elektromotorischen Kraft der Kette

| | | | |
|---|---|---|---|
| Thallium-amalgam | Rhodankaliumlösung gesättigt mit Thalliumrhodanür | Chlorkaliumlösung gesättigt mit Thalliumchlorür | Thallium-amalgam |

berechnete *C. Knüpffer* (Zeitschr. f. physik. Chem. **26**, 255) auf Veranlassung von *G. Bredig* für die Reaction:

$$TlCl_{fest} + SCN^{-} \rightleftarrows TlSCN_{fest} + Cl^{-}$$

die Gleichgewichtsconstante $K$

bei 39° 9 zu 0,88, bei 20° 0 zu 1,26, bei 0° 8 zu 1,79,

während er rein chemisch analytisch fand

0,85, 1,24, 1,74

Ist die Constante $K$ in der Gleichung von *van 't Hoff* (S. 100) eine Temperaturfunction, so kann es vorkommen, dass bei constanten Concentrationen $C$ der an der Reaction betheiligten Stoffe das erste Glied in der Klammer [ ] gleich dem zweiten wird und daher der Werth $X$ der elektromotorischen Kraft bei variabler Temperatur den Werth Null durchläuft. Man erhält dann also eine voraus berechenbare Temperatur, bei welcher Polwechsel in der Kette eintritt, nämlich wenn

$$ln K = ln \frac{C''_1{}^{n_1''} \times C''_2{}^{n_2''} \times \cdots}{C'_1{}^{n_1'} \times C'_2{}^{n_2'} \times \cdots}.$$

*Knüpffer* konnte auch diesen Fall an seiner Kette verwirklichen und die Polwechseltemperatur aus der Gleichung *van 't Hoff*'s in Uebereinstimmung mit der Erfahrung aus chemischen Daten vorausberechnen (zum Beispiel: ber. 41,3°, gef. 42,3°).

Neuerdings hat auch *A. Findlay* (Zeitschr. f. physik. Chem. **34**, 409) für die Reaction

$$PbJ_{2\,fest} + SO_4^{--} \rightleftarrows PbSO_{4\,fest} + 2J^-$$

in der Kette

| | | | |
|---|---|---|---|
| Blei-amalgam | Natriumjodidlösung gesättigt mit Bleijodid | Natriumsulfatlösung gesättigt mit Bleisulfat | Blei-amalgam |

aus der elektromotorischen Kraft nach *van 't Hoff* (je nach der Verdünnung) die Gleichgewichtsconstante $K = 0{,}24$ bis 0,28 berechnet, während die chemische Analyse den Werth $K = 0{,}23$ bis 0,30 ergab.

Die Untersuchung einiger von *Nernst* und *Tammann* (Zeitschr. f. physik. Chem. **9**, 1), *V. Rothmund* (Zeitschr. f. physik. Chem. **31**, 69) und von *H. Danneel* (ibid. **33**, 415) in Angriff genommener interessanter Fälle ist noch nicht abgeschlossen.

In neuerer Zeit wurde von *W. Nernst* die Vorausberechnung elektromotorischer Kräfte galvanischer Zellen aus thermischen Grössen durch ein neues Wärmetheorem ermöglicht. Hierüber vergl. *Nernst*, Theoret. Chem. (7. Aufl.) S. 772 u. f. *F. Pollitzer*, Berechnung chem. Affinitäten. Stuttgart 1912. 145. Siehe auch *F. Haber*, Thermodynamik techn. Gasreactionen. München 1905; Ann. d. Physik (4. Folge) **26**, 927.

28) *Zu S. 74* [50]. Es handelt sich hier um die ersten Publicationen (1883) von *Svante Arrhenius* (Diese Klassiker Nr. 160), in denen zwar noch nicht der Begriff der thermodynamisch individuellen, freien Ionen aufgestellt war, worin *Arrhenius* aber bereits die Leitfähigkeit eines Elektrolyten als das Maass seiner chemischen Wirksamkeit eingeführt hatte. Diese historische Entwickelung und einen übersichtlichen Auszug aus der hier von *van 't Hoff* citirten Arbeit von *Arrhenius*, die man als den ersten Keim der elektrolytischen Dissociationstheorie zu betrachten hat, findet man in *Ostwald's* Lehrb. d. allgem. Chem. (2. Aufl.) II (2) S. 168—198 sowie in *Ostwald's* »Elektrochemie, ihre Geschichte und Lehre« Leipzig 1896. S. 1091 u. f.

29) *Zu S. 62* [42] *und S. 74* [50]. Gemeint ist die hier vorangehende Abhandlung: »Die Gesetze des chemischen Gleichgewichtes etc.» Diese Klassiker Nr. 110 S. 3 [3].

30) *Zu S. 76* [51]. Diese Bedingung kann man auch so aussprechen: ein Vorgang, der auf eine Weise (chemisch) im Gleichgewicht ist, muß auf alle Weise (also auch elektrolytisch) im Gleichgewicht sein. Vgl. *Ostwald*, Zeitschr. f. physik. Chem. **11**, 522, **15**, 406. Grundriss d. allgem. Chem. (4. Aufl.) 361. *Nernst*, Theoret. Chem. (7. Aufl.) S. 767, *Lash Miller* Zeitschr. f. phys. Chem. **10**, 459. *E. Cohen* ibid. **14**, 53, 535; **25**, 300; **30**, 623; *R. Luther*, ibid. **19**, 529; **26**, 170; *A. H. Bucherer*, ibid. **20**, 328.

31) *Zu S. 76* [51]. Als »elektromotorische Kraft« *E* ist hier in jetzt nicht mehr üblicher Weise die elektrische Arbeit, die zur Umwandlung von 1 kg-Formelgewicht des ersten Systems in das zweite System aufgewendet werden muss, bezeichnet. Die Arbeit ist nun eigentlich Volts × Coulombs. Da aber die Zahl der Coulombs nach dem Gesetze von *Faraday* für je ein Aequivalent stets die gleiche ist, so verhalten sich für äquivalente Systeme thatsächlich die elektrischen, in Calorien gemessenen Arbeiten pro Aequivalent wie die zur Zersetzung erforderlichen elektromotorischen Kräfte in Volts. Näheres vgl. *Ostwald*, Lehrb. d. allgem. Chem. (2. Aufl.) II (1) S. 573, 827. *Ostwald*, Grundr. d. allg. Chem. (4. Aufl.) S. 480. *Nernst*, Lehrb. d. allg. Chem. (7. Aufl.) S. 758.

32) *Zu S. 76* [51]. Dieser hier bereits klar ausgesprochene Einfluss der Reactionsproducte ist später gelegentlich der Messung von Oxydations- und Reductionsketten zuerst nicht genügend gewürdigt worden, nachher aber von *Le Blanc* theoretisch wieder betont (Lehrb. d. Elektrochem. [1. Aufl.] S. 191 [2. Aufl.] S. 209) und von *R. Peters* auf Veranlassung von *Bredig* (Ztschr. f. physik. Chem. **26**, 193) sowie auch unabhängig von *Schaum* (Sitzungsber. d. Ges. z. Bef. d. ges. Naturwiss. in Marburg 1908) experimentell in Uebereinstimmung mit *van 't Hoff*'s Theorie nachgewiesen worden.

33) *Zu S. 77* [51] und entgegengerichtet.

34) *Zu S. 77* [52]. Vgl. S. 8 [6]

35) *Zu S. 78* [52]. Vgl. S. 24 [16]

36) *Zu S. 79* [53]. Vgl. S. 28—31 [19—20]

37) *Zu S. 79* [53]. Vgl. S. 21 [14] —26 [17]

38) *Zu S. 79* [53]. Vgl. S. 26 [17]. *K* ist also die sogenannte chemische Gleichgewichtsconstante.

39) *Zu S. 80* [53]: Vgl. *Ostwald*, Grundr. d. allg. Chem. (4. Aufl. S. 483); Derselbe, Lehrb. d. allgem. Chem. (2. Aufl.) II (1) S. 819. *Nernst*, Theoret. Chem. (7. Aufl.) S. 764. *Le*

*Blanc*, Lehrb. d. Elektrochem. (6. Aufl.) S. 168—171. Diese Beziehung ist besonders durch die ausführlichen Messungen von *H. Jahn* u. *S. Bugarszky* bestätigt worden. (*Wied.* Ann. **28**, 21. 491. Ztschr. f. anorg. Chem. **14**, 145.)

40) *Zu S. 80* [54]. Die Bedeutung der chemischen Gleichgewichtsconstanten $K$ kann man auch folgendermaassen ausdrücken: Der natürliche Logarithmus der Gleichgewichtsconstanten multiplicirt mit $2\,T$ giebt die maximale äussere Arbeit in kg-Calorien an, welche die chemische Reaction bei der constanten Temperatur $T$ zu leisten vermag, wenn ein kg-Mol des ersten Systems von der Einheit der Concentration übergeht in ein kg-Mol des zweiten Systems von der Einheit der Concentration. Vgl. *Nernst*, Theoret. Chem. (2. Aufl.) S. 592 — 595. 656. 636. Auch die von *Ostwald* eingeführte Gleichgewichtsconstante der elektrolytischen Dissociation, die »Affinitätsgröße«, lässt sich so als eine energetische Arbeitsgrösse definiren. Vgl. *Ostwald*, Zeitschr. f. physik. Chem. **2**, 276, **3**, 416; *van 't Hoff*, ibid. **3**, 608.)

41) *Zu S. 82* [55]. Es ist bisher keine galvanische Zelle gemessen, welche mit der von *van 't Hoff* als Beispiel gewählten Reaction $NH_3 + H_2S \rightleftarrows NH_5S$ elektrolytisch reversibel arbeitet. Mithin wurde bisher dieses Beispiel durch den elektrischen Versuch nicht geprüft. Für die Berechnung der elektromotorischen Kraft in Daniells resp. in Volts aus der freien Energie $E$, welche *van 't Hoff* hier eigentlich in kg-Calorien pro kg-Moleculargewicht angiebt, ist zu beachten, dass *van 't Hoff* die obige Reaction (irrtümlich) als elektrochemisch 2-wertig betrachtet hat und dass

$$1 \text{ Volt} \times 1 \text{ Coulomb} = 0{,}0002394 \text{ Cal.}$$
$$\text{und } 1 \text{ Daniell} = 1{,}1 \text{ Volt,}$$

sowie dass zur elektrolytischen Umsetzung eines Kilogramm-Aequivalentes eines beliebigen Systemes $96540 \times 10^3$ Coulombs erforderlich sind. Man hat also hier $1{,}1 \times$ (Elektromot. Kraft in Daniells) $\times\, 96540 \times 10^3 \times 2 \times 0{,}0002394 = 6000$.

42) *Zu S. 82* [56]. Die heutige Ionentheorie schreibt dieses Gleichgewicht nach *W. Nernst* (Zeitschr. f. physik. Chem. **4**, 129. Theoret. Chem. [7. Aufl.] S. 783 ff.)

$$Cu_{\text{Metall}} + Zn^{++}_{\text{Jon}} \rightleftarrows Zn_{\text{Metall}} + Cu^{++}_{\text{Jon}}$$

43) *Zu S. 83* [56]. Es wird dann eine solche galvanische Zelle bei diesen Concentrationen auch elektrisch im Gleich-

gewicht sein, d. h. die elektromotorische Kraft Null haben. Es sei darauf hingewiesen, dass die das Gleichgewicht ausdrückende Grösse $\frac{C_{\prime}}{C_{\prime\prime}} = 10^{40} = K$ in diesem Falle dieselbe ist, welche in der späteren wichtigen Theorie der galvanischen Ketten von *Nernst* als das Verhältniss der »Lösungstensionen« *P* der beiden Metalle Zink und Kupfer auftritt. (Zeitschr. f. phys. Chem. **4**, 151; **9**, 1; **22**, 539; *Ogg* ib. **27**, 285; *Ostwald*, Grundr. d. allgem. Chem. (4. Aufl.) S. 496. *Le Blanc*, Lehrb. d. Elektrochem. [6. Aufl.] S. 172 und 254.) *Foerster*, Elektrochemie (2. Aufl.) S. 123, 167.

44) *Zu S. 84* [**57**]. Wenn sie sich in einer galvanischen Kette elektrolytisch umkehrbar vollziehen kann. Der Satz bleibt aber jedenfalls mit seiner gesammten eleganten Ableitung ganz allgemein gültig, wenn man *E* nicht nur als elektromotorische Kraft bzw. Arbeit, sondern ganz allgemein als die maximale Arbeit bezeichnet, welche der zugehörige Vorgang auf einem beliebigen umkehrbaren isothermen Wege zu leisten vermag.

45) *Zu S. 84* [**57**]. Nach S. 8 [**6**].

46) *Zu S. 84* [**57**]. Einige interessante chemische Anwendungen dieses Satzes siehe: *Ostwald*, Lehrb. d. allgem. Chem. (2. Aufl.) II (2) S. 538, *G. Bodlaender*, Zeitschr. f. angew. Chem. **14**, 405; *R. Luther*, Zeitschr. f. phys. Chem. **34**, 488; **36**, 385, *Le Blanc*, Lehrb. d. Elektrochem. (6. Aufl.) S. 276. *Nernst*, Theoret. Chem. (7. Aufl.) S. 731. *Haber*, Thermodynamik techn. Gasreactionen. München 1905. S. 158. 163. 293. *G. Bredig*, Zeitschr. f. Elektrochem. **20**, 492.

47) *Zu S. 85* [**57**]. Diese Annahme ist für Basen verschiedener Stärke, wegen der damit nach der Ionentheorie verbundenen Verschiedenheit ihres Dissociationsgrades also auch von *i* nicht ganz exact. Eine Ableitung der Formel für solche »Teilungsverhältnisse« nach der Ionentheorie von *Arrhenius* (Zeitschr. f. phys. Chem. **5**, 12) vgl. bei *Nernst*, Theoret. Chem. (7. Aufl.) S. 552—556.

48) *Zu S. 81* [**55**] *Jellet*'s Abhandlung siehe diese Klassiker Nr. 163.

Sonderband

**L. Dunsch · H. Müller**

*Ein Fundament zum Gebäude der Wissenschaften 100 Jahre Ostwalds Klassiker*

1. Auflage 1988, 160 Seiten, kt.,
DM 19,80 ISBN 3-8171-3000-7

In diesem Band sind die vollständigen Angaben zu allen Bänden von Band 1 bis Band 275 enthalten, sowie ein geschlossener Überblick der Geschichte der Reihe.

Band 1

**H. von Helmholtz**

*Über die Erhaltung der Kraft/Über Wirbelbewegungen/Über discontinuirliche Flüssigkeitsbewegungen/Theorie der Luftschwingungen in Röhren mit offenen Enden*

▸Reprint der Einzelbände 1, 79 und 80

Hrsg.: A. Wangerin

2. Auflage 1996, 272 Seiten, kt.,
DM 36,- ISBN 3-8171-3001-5

Band 3

**J. Dalton · W.H. Wollaston**
**A. Avogadro · A. Ampère**

*Die Grundlagen der Atom- und Molekulartheorie/Versuch einer Methode, die Massen der Elementarmolekeln der Stoffe und die Verhältnisse, nach welchen sie in Verbindungen eintreten, zu bestimmen/Brief des Herrn Ampère an den Herrn Grafen Berthollet*

▸Reprint der Einzelbände 3 und 8

Hrsg.: W. Ostwald

2. Auflage 1996, 80 Seiten, kt.,
DM 14,80 ISBN 3-8171-3003-1

Band 8

**A. Avogadro · A. Ampère**

*Versuch einer Methode, die Massen der Elementarmolekeln der Stoffe und die Verhältnisse, nach welchen sie in Verbindungen eintreten, zu bestimmen.*

Jetzt enthalten in Band 3

Band 11

**G. Galilei**

*Unterredungen und mathematische Demonstrationen über zwei neue Wissenszweige, die Mechanik und die Fallgesetze betreffend (Erster bis sechster Tag)*

▸Reprint der Einzelbände 11, 24 und 25

Übers. und Hrsg.: A.J. v. Oettingen

4. Auflage 1995, 338 Seiten, kt.,
DM 38,- ISBN 3-8171-3011-2

Band 20

**Ch. Huygens**

*Abhandlung über das Licht*

Worin die Ursachen der Vorgänge bei seiner Zurückwerfung und Brechung und besonders bei der eigentümlichen Brechung des isländischen Spathes dargelegt sind.

Hrsg.: A. J. v. Oettingen

4. Auflage 1997, 115 Seiten, kt.,
DM 19,80 ISBN 3-8171-3020-1

Band 21

**J.W. Hittorf**

*Über die Wanderungen der Ionen während der Elektrolyse (Erster und zweiter Teil)*

Abhandlungen. 1853 - 1859

▸Reprint der Einzelbände 21 und 23

Hrsg.: W. Ostwald

4. Auflage 1986, 257 Seiten, kt.,
DM 24,80 ISBN 3-8171-3021-X

Band 23

**J.W. Hittorf**

*Über die Wanderungen der Ionen während der Elektrolyse. Zweiter Teil*

Jetzt enthalten in Band 21

Band 24

**G. Galilei**

*Unterredungen und mathematische Demonstrationen über zwei neue Wissenszweige, die Mechanik und die Fallgesetze betreffend. (Dritter und vierter Tag)*

Jetzt enthalten in Band 11

Band 25

**G. Galilei**

*Unterredungen und mathematische Demonstrationen über zwei neue Wissenszweige, die Mechanik und die Fallgesetze betreffend. (Fünfter und sechster Tag)*

Jetzt enthalten in Band 11

Band 35

**J. Berzelius**

*Versuch, die bestimmten und einfachen Verhältnisse aufzufinden, nach welchen die Bestandteile der unorganischen Natur miteinander verbunden sind.*

Hrsg.: W. Ostwald

2. Auflage 1997, 218 Seiten, kt.,
DM 36,- ISBN 3-8171-3035-X

Band 37

**S. Carnot**

*Betrachtungen über die bewegende Kraft des Feuers und die zur Entwicklung dieser Kraft geeigneten Maschinen*

Übers. und Hrsg.: W. Ostwald

3. Auflage 1995, 72 Seiten, kt.,
DM 14,80 ISBN 3-8171-3037-6

Band 44

**L. Gay-Lussac · J. Dalton · P. Dulong u.a.**

*Das Ausdehnungsgesetz der Gase*

Abhandlungen 1802-1842

Hrsg.: W. Ostwald

2. Auflage 1997, 212 Seiten, kt.,
DM 36,- ISBN 3-8171-3044-9

Band 45

**H. Davy**

*Elektrochemische Untersuchungen*

Vorgelesen in der königlichen Sozietät zu London als Bakerian Lecture am 20. November 1806 und am 19. November 1807

Hrsg.: W. Ostwald 2.
Auflage 1986, 92 Seiten, kt.,
DM 14,80 ISBN 3-8171-3045-7

Band 52

**A. Galvani · A. Volta**

*Abhandlung über die Kräfte der Electricität bei der Muskelbewegung/Untersuchungen über den Galvanismus*

▶Reprint der Einzelbände 52 und 118

Hrsg.: A.J. v. Oettingen

2. Auflage1996, 175 Seiten, kt.,

DM 24,- ISBN 3-8171-3052-X

Band 59

**O. v. Guericke**

*Neue „Magdeburgische Versuche" über den leeren Raum*

Hrsg., Übers. und Anm.: F. Dannemann

2. Auflage 1996, 116 Seiten, kt.,

DM 16,80 ISBN 3-8171-3059-7

Band 66

**J.W. Doebereiner · M. Pettendorf**

*Die Anfänge des natürlichen Systemes der chemischen Elemente*

Nebst einer geschichtlichen Übersicht der Weiterentwicklung der Lehre von den Triaden der Elemente

Hrsg.: L. Meyer

2. Auflage 1983, 34 Seiten,

DM 9,80 ISBN 3-8171-3066-X

Band 68

**L. Meyer · D. Mendelejeff**

*Das natürliche System der chemischen Elemente.*

Abhandlungen.

Hrsg.: K. Seubert

3. Auflage 1996, 135 Seiten, kt.,

DM 24,- ISBN 3-8171-3068-6

Band 69

**J.C. Maxwell**

*Über Faradays Kraftlinien/ Über physikalische Kraftlinien*

▶Reprint der Einzelbände 69 und 102

Hrsg.: L. Boltzmann

3. Auflage 1995, 276 Seiten, kt.,

DM 38,- ISBN 3-8171-3069-4

Band 72

**G. Kirchhoff · R. Bunsen**

*Chemische Analyse durch Spectralbeobachtungen/ Abhandlungen über Emission und Absorption*

▶Reprint der Einzelbände 72* und 100**

*Hrsg.: W. Ostwald ** Hrsg.: M. Planck

2. Auflage 1996, 115 Seiten, kt.,

DM 19,80 ISBN 3-8171-3072-4

Band. 79

**H. von Helmholtz**

*Zwei hydrodynamische Abhandlungen*

Jetzt enthalten in Band 1

Band 80

**H. von Helmholtz**

*Theorie der Luftschwingungen*

Jetzt enthalten in Band 1

Band 81

**M. Faraday**

*Experimentaluntersuchungen über Elektrizität*

I. und II. Reihe

Hrsg.: A.J. v. Oettingen

2. Auflage1985, 96 Seiten, kt.,

DM 14,80 ISBN 3-8171-3081-3

Band 84

**C. F. Wolff**

*Theoria GenerationisÜber die Entwicklung der Pflanzen und Thiere*

in Vorbereitung

Band 86

**M. Faraday**

*Experimentaluntersuchungen über Elektrizität*

III. bis V. Reihe

Hrsg.: A.J. v. Oettingen

2. Auflage 1985, 104 Seiten, kt.,

DM 14,80 ISBN 3-8171-3086-4

Band 87

**M. Faraday**

*Experimentaluntersuchungen über Elektrizität*

VI. bis VIII. Reihe

Hrsg.: A.J. v. Oettingen

2. Auflage 1985, 180 Seiten, kt.,

DM 19,80 ISBN 3-8171-3087-2

Band 96

**Sir I. Newton**

*Optik oder Abhandlung über Spiegelungen, Brechungen, Beugungen und Farben des Lichts*

(Erstes bis drittes Buch)

▶Reprint der Einzelbände 96 und 97

Übers. und Hrsg.: W. Abendroth

2. Auflage 1996, 188 Seiten, kt.,

DM 24,- ISBN 3-8171-3096-1

Band 97

**Sir I. Newton**

*Optik oder Abhandlung über Spiegelungen, Brechungen, Beugungen und Farben des Lichts*

(Zweites und drittes Buch)

Jetzt enthalten in Band 96

Band 99

**R. Clausius**

*Über die bewegende Kraft der Wärme und die Gesetze, welche sich daraus für die Wärmelehre selbst ableiten lassen*

Hrsg.: M. Planck

2. Auflage 1996, 55 Seiten, kt.,

DM 12,80 ISBN 3-8171-3099-6

Band 100

**G. Kirchhoff**

*Abhandlung über Emission und Absorption*

I. Über die Fraunhoferschen Linien

II. Über den Zusammenhang zwischen Emission und Absorption von Licht und Wärme

III. Über das Verhältnis zwischen dem Emissionsvermögen und dem Absorptionsvermögen der Körper für Wärme und Licht

Jetzt enthalten in Band 72

Band 102

**J.C. Maxwell**

*Über physikalische Kraftlinien*
Jetzt enthalten in Band 69

Band 106

**J. D`Alembert**

*Abhandlung über Dynamik,*
Übers. und Hrsg.: A. Korn
2. Auflage 1997, 210 Seiten, kt.,
DM 36,- ISBN 3-8171-3106-2

Band 110

**J. van`t Hoff**

*Die Gesetze des chemischen Gleichgewichtes*
für den verdünnten, gasförmigen oder gelösten Zustand
Übers. und Hrsg.: G. Bredig
3. Auflage 1997, 107 Seiten, kt.,
DM 19,80 ISBN 3-8171-3110-0

Band 118

**A. Volta**

*Untersuchungen über den Galvanismus*
Jetzt enthalten in Band 52

Band 121

**G. Mendel**

*Versuche über Pflanzenhybriden*
Zwei Abhandlungen 1866 und 1870
Hrsg.: E. v. Tschermak - Seysenegg
7. Auflage 1995, 71 Seiten, kt.,
DM 14,80 ISBN 3-8171-3121-6

Band 126

**M. Faraday**

*Experimentaluntersuchungen über Elektrizität*
IX. bis XI. Reihe (1835)
Hrsg.: A.J. v. Oettingen
2. Auflage 1985, 104 Seiten, kt.,
DM 14,80 ISBN 3-8171-3126-7

Band 128

**M. Faraday**

*Experimentaluntersuchungen über Elektrizität*
XII. und XIII. Reihe (1838)
Hrsg.: A.J. v. Oettingen
2. Auflage1985, 133 Seiten, kt.,
DM 16,80 ISBN 3-8171-3128-3

Band 131

**M. Faraday**

*Experimentaluntersuchungen über Elektrizität*
XIV. bis XIX. Reihe
Hrsg.: A.J. v. Oettingen
▶ Reprint der Einzelbände 131, 134 und 136
2. Auflage 1988, 202 Seiten, kat.,
DM 24,80 ISBN 3-8171-3131-3

Band 134

**M. Faraday**

*Experimentaluntersuchungen über Elektrizität*
XVI. und XVII. Reihe
Jetzt enthalten in Band 131

Band 136

**M. Faraday**

*Experimentaluntersuchungen über Elektrizität*
XVIII. und XIX. Reihe
Jetzt enthalten in Band 131

Band 140

**M. Faraday**

*Experimentaluntersuchungen über Elektrizität*
XX. bis XXIII. Reihe
Hrsg.: A.J. v. Oettingen
2. Auflage 1988, 174 Seiten, kt.,
DM 19,80 ISBN 3-8171-3140-2

Band 144

**J. Kepler**

*Dioptrik*
oder Schilderung der Folgen, die sich aus der unlängst gemachten Erfindung der Fernrohre für das Sehen und die sichtbaren Gegenstände ergeben.
Übers. und Hrsg.: F. Plehn
2. Auflage 1997, 114 Seiten, kt.,
DM 19,80 ISBN 3-8171-3144-2

Band 160

**S. Arrhenius**

*Untersuchungen über die galvanische Leitfähigkeit der Elektrolyte*
Übers.: A. Hamburger, Hrsg.: O. Sackur
2. Auflage 1986, 153 Seiten, kt.,
DM 19,80 ISBN 3-8171-3160-7

Band 162

**G.W. Leibniz · Sir I. Newton**

*Über die Analysis des Unendlichen/ Abhandlung über die Quadratur der Kurven*
▶ Reprint der Einzelbände 162 und 164
Übers. und Hrsg.: G. Kowalewski
2. Auflage 1996, 150 Seiten, kt.,
DM 24,- ISBN 3-8171-3162-3

Band 164

**Sir I. Newton**

*Abhandlung über die Quadratur der Kurven*
Jetzt enthalten in Band 162

Band 180

**R. Mayer**

*Die Mechanik der Wärme*
Zwei Abhandlungen
Hrsg.: A.J. v. Oettingen
2. Auflage 1982, 90 Seiten,
DM 12,80 ISBN 3-8171-3180-1

Band 199

**A. Einstein · M. v. Smoluchowski**

*Brownsche Bewegung*
3. Auflage 1997, 252 Seiten, kt.,
DM 38,- ISBN 3-8171-3207-7

Band 201
**Archimedes**
*Abhandlungen*
Über Spiralen
Reprint der Einzelbände 201, 202, 203, 210 und 213
Übers., Anm. u. Anh.: A. Czwalina-Allenstein
2. Auflage 1996, 370 Seiten, kt.,
DM 48,- ISBN 3-8171-3201-8

Band 202
**Archimedes**
*Kugel und Zylinder*
Jetzt enthalten in Band 201

Band 203
**Archimedes**
*Die Quadratur der Parabel/ Über das Gleichgewicht ebener Flächen*
Jetzt enthalten in Band 201

Band 206
**M. Planck**
*Die Ableitung des Strahlungsgesetzes*
Sieben Abhandlungen aus dem Gebiete der elektromagnetischen Strahlungstheorie
Anm.: F. Reiche
3. Auflage 1997, 95 Seiten, kt.,
DM 14,80 ISBN 3-8171-3206-9

Band 210
**Archimedes**
*Über Paraboloide, Hyperboloide und Ellipsoide*
Jetzt enthalten in Band 201

Band 213
**Archimedes**
*Über schwimmende Körper /Die Sandzahl*
Jetzt enthalten in Band 201

Band 228
**W. Wien · O. Lummer**
*Das Wiensche Verschiebungsgesetz/Die Verwirklichung des schwarzen Körpers*
Hrsg.: M. v. Laue
2. Auflage 1997, 67 Seiten, kt.,
DM 14,80 ISBN 3-8171-3228-X

Band 233
**P.S. de Laplace**
*Philosophischer Versuch über die Wahrscheinlichkeit*
Hrsg.: R.v. Mises
2. Auflage 1996, 211 Seiten, kt.,
DM 28,- ISBN 3-8171-3233-6

Band 235
**Euklid**
*Die Elemente*
Bücher I bis XIII
▸Reprint der Einzelbände 235, 236, 240, 241 und 243
Hrsg. und Übers.: C. Thaer
3. Auflage 1997, 481 Seiten, kt.,
DM 48,- ISBN 3-8171-3235-2

Band 236
**Euklid**
*Die Elemente*
Buch IV bis VI
Jetzt enthalten in Band 235

Band 240
**Euklid**
*Die Elemente*
Buch VII bis IX
Jetzt enthalten in Band 235

Band 241
**Euklid**
*Die Elemente*
Buch X
Jetzt enthalten in Band 235

Band 243
**Euklid**
*Die Elemente*
Buch XI bis XIII
Jetzt enthalten in Band 235

Band 244
**G.S. Ohm · G.T. Fechner**
*Das Grundgesetz des elektrischen Stromes*
Drei Abhandlungen
Hrsg.: C. Piel
2. Auflage 1996, 45 Seiten, kt.,
DM 12,80 ISBN 3-8171-3244-1

Band 251
**H. Hertz**
*Über sehr schnelle elektrische Schwingungen*
Vier Arbeiten.
Einl. und Anm.: G. Hertz
2. Auflage1996, 122 Seiten, kt.,
DM 19,80 ISBN 3-8171-3251-4

Band 252
**D. Hilbert**
*Die Hilbertschen Probleme*
Vortrag „Mathematische Probleme" von D. Hilbert, gehalten auf dem 2. Int. Mathematikerkongreß Paris 1900.
Erläuterungen: P.S. Alexandrov u.a.
4. Auflage 1997, 302 Seiten, kt.,
DM 29,80 ISBN 3-8171-3252-2

Band 253
**F. Klein**
*Das Erlanger Programm*
Vergleichende Betrachtungen über neuere geometrische Forschungen
Einl. und Anm.: H. Wußing
3. Auflage 1997, 84 Seiten, kt.,
DM 14,80 ISBN 3-8171-3253-0

Band 254
**F. Crick · R. Holley · J. Watson · u.a.**
*Molekulargenetik*
Beiträge zu ihrer Entwicklung.
Ausw., Einl. und Komm.: E. Geißler
2. Auflage 1996, 188 Seiten, kt.,
DM 28,- ISBN 3-8171-3254-9

Band 255
**E. Hertzsprung**
*Zur Strahlung der Sterne*
Drei Arbeiten
Einl. und Anm. : D.B. Herrmann
4. Auflage 1985, 94 Seiten, kt.,
DM 12,80 ISBN 3-8171-3255-7

Band 256
**C.F. Gauß**
*Mathematisches Tagebuch 1796 - 1814*
Einf.: K.-R. Biermann Übers.g: E. Schuhmann Anm.: H. Wußing
4. Auflage 1985, 103 Seiten, kt.,
DM 12,80 ISBN 3-8171-3256-5

Band 257
**W. Ostwald**
*Gedanken zur Biosphäre*
Sechs Essays
Einl. und Anm.: H. Berg
2. Auflage 1996, 84 Seiten, kt.,
DM 14,80 ISBN 3-8171-3257-3

Band 258
**E.F.F. Chladni**
*Über den kosmischen Ursprung der Meteorite und Feuerkugeln*
3. Auflage 1996, 104 Seiten, kt.,
DM 16,80 ISBN 3-8171-3258-1

Band 259
**C. Schorlemmer**
*Der Ursprung und die Entwicklung der organischen Chemie*
Einl. und Anm.: Chr. Duschek, G. Fuchs 2. Auflage 1984, 267 Seiten, kt.,
DM 28,- ISBN 3-8171-3259-X

Band 260
**G. Harig**
*Physik und Renaissance*
Zwei Arbeiten zum Entstehen der klassischen Naturwissenschaften in Europa
Einf.: H. Wußing
2. Auflage 1984, 89 Seiten, kt.,
DM 12,80 ISBN 3-8171-3260-3

Band 261
**L. Euler**
Zur Theorie komplexer Funktionen
Übers.: W. Purkert, H. Maser, H. Müller, R. Thiele, O. Neumann, A. Wangerin, E. Schuhmann. Einl. und Anm.: A.P. Juschkewitsch
2. Auflage 1996, 263 Seiten, kt.,
DM 38,- ISBN 3-8171-3261-1

Band 262
**M. Volmer**
*Zur Kinetik der Phasenbildung und der Elektrodenreaktionen*
Acht Arbeiten
Einl. und Anm.: L. Dunsch
1. Auflage 1983, 134 Seiten, kt.,
DM 16,80 ISBN 3-8171-3262-X

Band 263
**H. Hertz**
*Die Prinzipien der Mechanik in neuem Zusammenhange dargestellt*
Vorwort: H. von Helmholtz, Vorbemerkung: Philipp Lenard, Einltg. und Anmerkg. en: J. Kuczera
2. Auflage 1996, 143 Seiten, kt.,
DM 24,80, ISBN 3-8171-3263-8

Band 264
**M. von Ardenne**
*Arbeiten zur Elektronik*
Erläuterungen: H. Berg und S. Reball
2. Auflage 1997, 124 Seiten, kt.,
DM 19,80 ISBN 3-8171-3264-6

Band 265
**J.H. van´t Hoff**
*Studien zur chemischen Dynamik*
Übers., Einltg. und Anm.: L. Dunsch
1. Auflage 1985, 236 Seiten, kt.,
DM 24,80 ISBN 3-8171-3265-4

Band 266
**J. Heyrovsky**
*Polarographie*
Übers.: W. Wanek. Einl. und Anm.: J. Koryta und H. Berg
1. Auflage 1985, 199 Seiten, kt.,
DM 24,80 ISBN 3-8171-3266-2

Band 267
**W. Ostwald**
*Zur Geschichte der Wissenschaft*
Vier Manuskripte aus dem Nachlaß
Einf. und Anm.: R. Zott
2. Auflage 1997, 284 Seiten, kt.,
DM 38,- ISBN 3-8171-3267-0

Band 268
**K. A. Möbius**
*Zum Biozönose - Begriff*
Einl. und Anm.: G. Leps
1. Auflage 1986, 112 Seiten, kt.,
DM 12,80 ISBN 3-8171-3268-9

Band 269
**P.S. Pallas**
*Über die Beschaffenheit der Gebirge und die Veränderungen der Erdkugel*
Erl.: F. Wendland
1. Auflage 1986, 112 Seiten, kt.,
DM 12,80 ISBN 3-8171-3269-7

Band 270
**C.R. Fresenius, J. Marsh, M. Orfila, u.a.**
*Dokumente zur Entwicklung der Toxikologie im 19. Jahrhundert*
Hrsg.: R. K. Müller
1. Auflage 1986, 224 Seiten, kt.,
DM 24,80 ISBN 3-8171-3270-0

Band 271

**J.W. Ritter**

*Entdeckungen zur Elektrochemie, Bioelektrochemie und Photochemie*

Ausw., Einl. und Erl.: H. Berg und K. Richter

2. Auflage 1997, 135 Seiten, kt.,

DM 19,80 ISBN 3-8171-3271-9

Band 272

**F. Runge · R. Liesegang · B. Belousov A. Zhabotinsky**

*Selbstorganisation chemischer Strukturen*

Auswahl, Einltg. und Kommentierung: L. Kuhnert und U. Niedersen

1. Auflage 1987, 112 Seiten, kt.,

DM 14,80 ISBN 3-8171-3272-7

Band 274

**H. Sachse · E. Mohr**

*Zur Konformation des Cyclohexans*

Zwei Arbeiten von Hermann Sachse und Drei Arbeiten von Ernst Mohr

Einltg. und Anm: H. Remane

1. Auflage 1987, 152 Seiten, kt.,

DM 19,80 ISBN 3-8171-3274-3

Band 275

**M. Schleiden · T. Schwann · M. Schultze**

*Klassische Schriften der Zellenlehre*

Einltg. und Bearbeitung: I. Jahn

1. Auflage 1987, 166 Seiten, kt.,

DM 19,80 ISBN 3-8171-3275-1

Band 276

**E. Abbe**

*Briefwechsel mit Adolf Ferdinand Weinhold*

1. Auflage 1990, 136 Seiten, kt.,

DM 16,80 ISBN 3-8171-3276-X

Band 277

**J.-P. de Lamarck**

Zoologische Philosophie. Teil 1

1. Auflage 1990, 268 Seiten, kt.,

DM 28,- ISBN 3-8171-3277-8

Band 278

**J.-P. de Lamarck**

Zoologische Philosophie. Teil 2

1. Auflage 1991, 145 Seiten, kt.,

DM 16,80 ISBN 3-8171-3278-6

Band 279

**J.-P. de Lamarck**

*Zoologische Philosophie*

Teil 3

1. Auflage 1991, 219 Seiten, kt.,

DM 19,80 ISBN 3-8171-3279-4

Band 280

**P. Brosche**

*Astronomie der Goethezeit*

Textsammlung aus Zeitschriften und Briefen Franz Xaver von Zachs

1. Auflage 1995, 236 Seiten, kt.,

DM 38,- ISBN 3-8171-3280-8

Band 281

**M. Eigen**

*Die „unmeßbar" schnellen Reaktionen*

Frühe Arbeiten

Vorwort und Einf.: R. Winkler-Oswatitsch

1. Auflage 1996, 298 Seiten, kt.,

DM 38,- ISBN 3-8171-3281-6

Band 282

**E. Haeckel**

*Entwicklungslehre*

Gemeinverständliche Vorträge und Abhandlungen

Einführung: E. Krauße

ISBN 3-8171-3282-4

Neuerscheinung Sommer 1997